KB271193

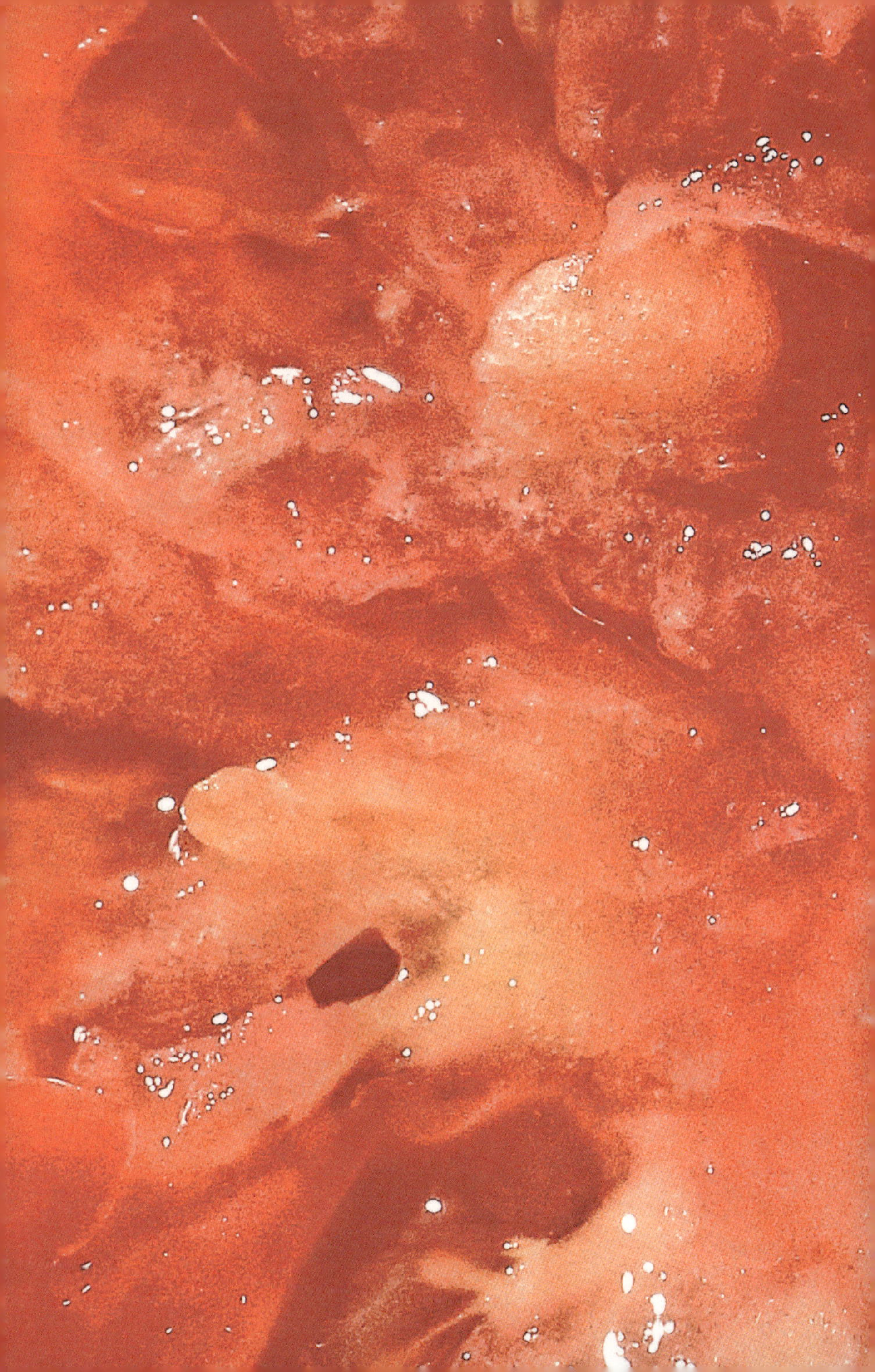

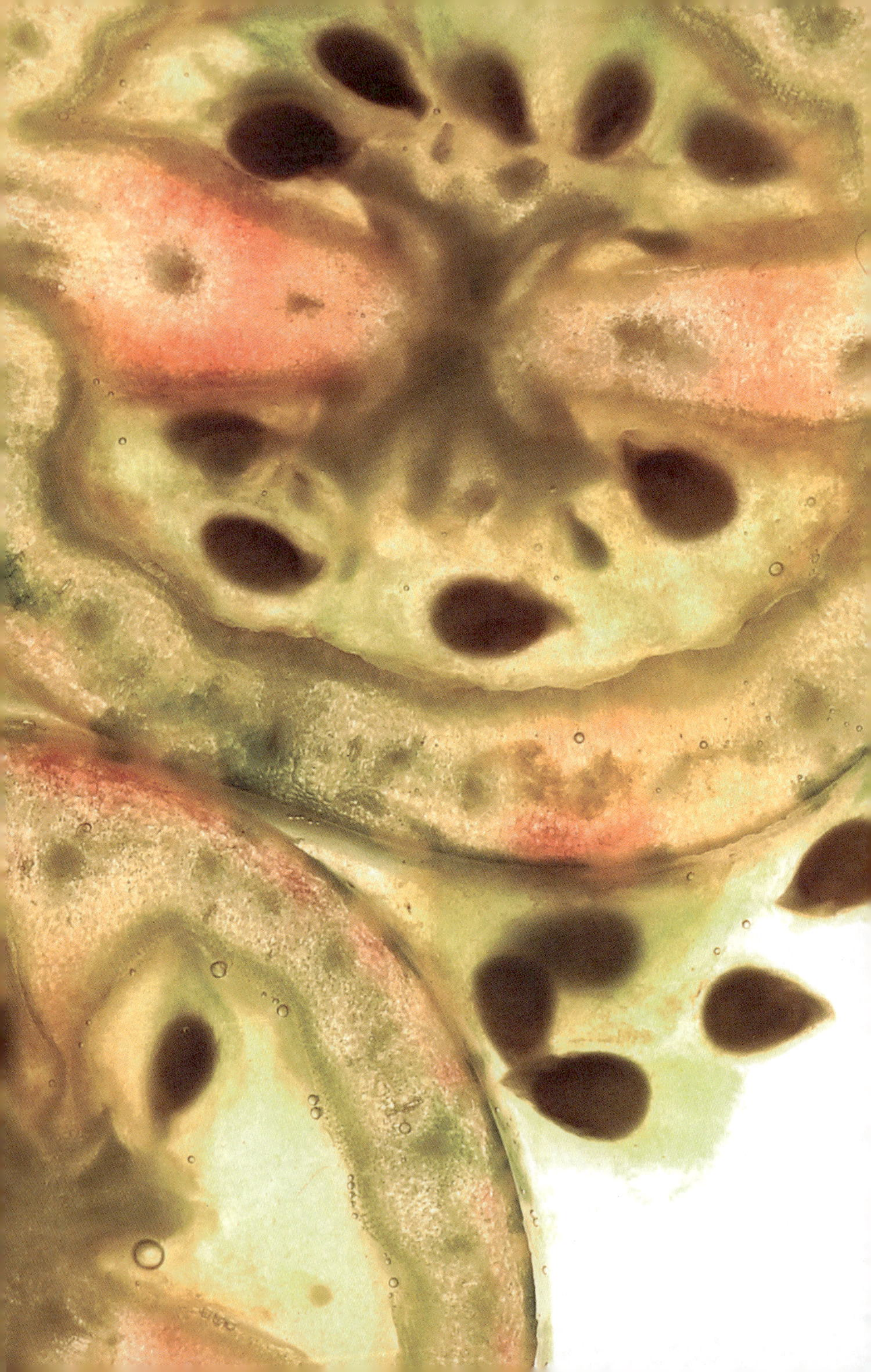

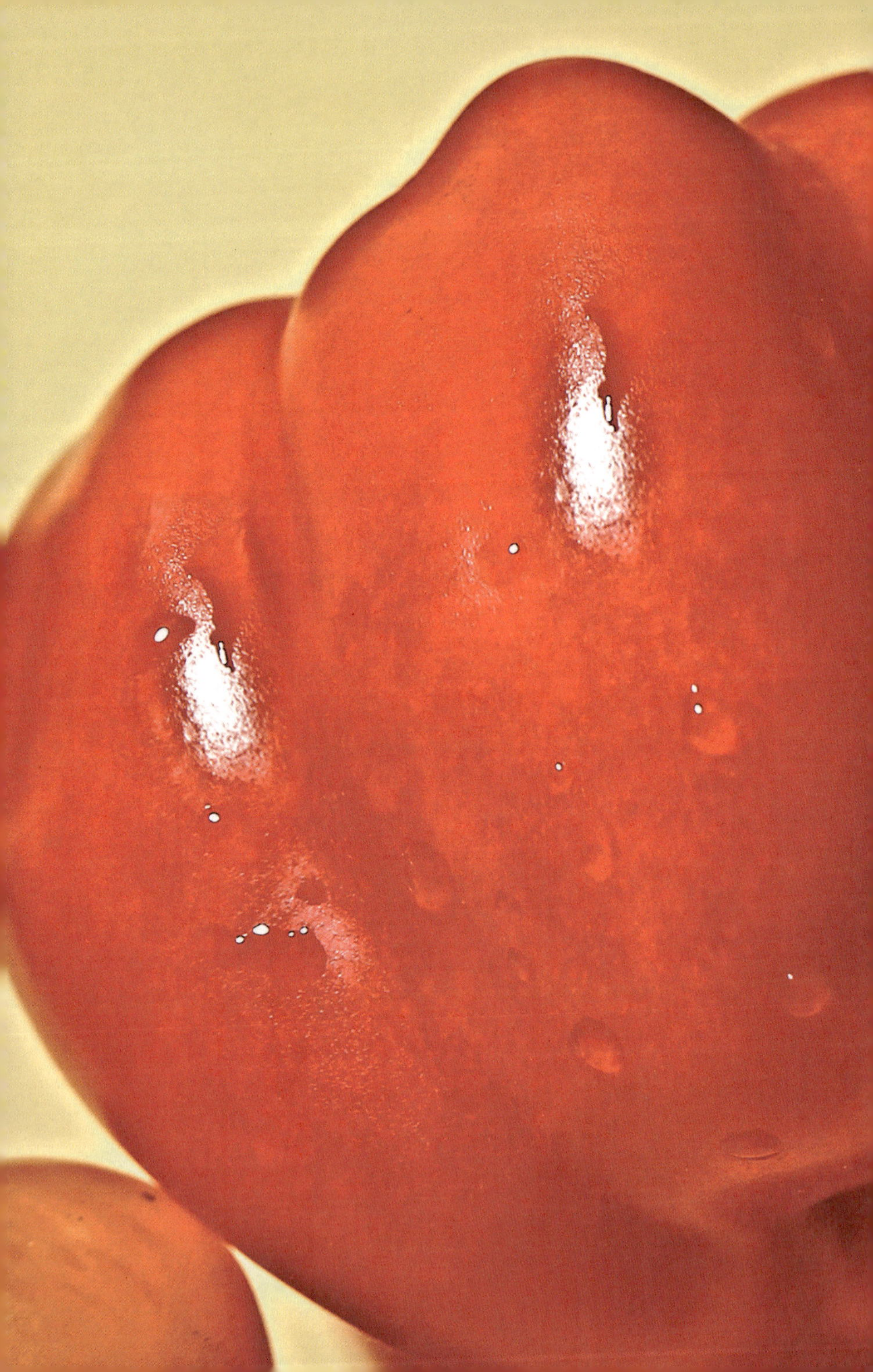

TOMATO OF TOMORROW

내일의 토마토

그래도팜 지음

내일의 토마토
TOMATO OF TOMORROW

초판 1쇄 발행 2023년 1월
2쇄 발행 2023년 10월

지은이
그래도팜 원승현, 정지민, 원건희
박정란, 김소망, 양동민

편집
도구

디자인
프론트도어

일러스트레이션
민정

인쇄
인타임

메뉴 개발·스타일링
라라라 스튜디오(제갈은정)

사진 촬영·스타일링
우오보 스튜디오(양인영)

제작 조언
김현숙 맛철학가

펴낸곳
그래도팜

주소
강원도 영월군 주천면 서강로 159-26

메일
tomarrow1983@naver.com

인스타그램
@farm_nevertheless

홈페이지
tomarrow.com

ISBN
979-11-981172-1-2 (13590)

값
27,000원

92 P
94 P
98 P
100 P
96 P
102 P

104 P
108 P
106 P
112 P
114 P
110 P
116 P

118 P
120 P
122 P
124 P
126 P
128 P

130 P
132 P
134 P
136 P
138 P
140 P
142 P

그래도팜은 1983년 설립 이래로 40년 넘게 삼생(三生)의
철학을 바탕으로 '땅을 살리는 농사'를 짓고 있는 대한민국의
유기농 전문 농장입니다.

"농민은 땅을 살리고, 살아 있는 땅은 농작물을 이롭게 키우며,
이롭게 자란 농작물은 사람을 건강하게 살린다."

그래도팜의 일 년 농사는 땅을 돌보는 일로 시작합니다.
장마철에 접어들면 참나무 수피를 넓은 바닥에 쭉 펴놓고 빗물을
수일간 먹인 후, 살아 있는 미생물과 계분, 쌀겨, 골분 등을 고루
섞어 고온에서 발효시키는 일을 7개월간 지속합니다. 잘 만들어진
퇴비는 그 스스로 미생물의 먹이가 되고 흙 알갱이의 입자를
굵게 만들어 공극률을 좋게함으로써 생물들이 살아가기 좋은
환경을 제공합니다. 이로운 균과 미생물로 가득한 이 작은 우주는
작물이 가진 온전한 맛과 향을 깨워주는 터전입니다.
　　　그래도팜은 수십 년간 지속해온 이와 같은 농사법을 통해
생산 과정을 건강하게 바꾸면 농업이 지속 가능해질 뿐만 아니라
근사한 토마토를 생산하여 소비자에게도 행복감을 전달할 수
있다는 사실을 증명했습니다.
　　　'토마로우 TOMARROW'는 이러한 과정과 경험을 많은
이들에게 전하기 위해 기획한 소비자 경험 서비스 브랜드입니다.
'내일 TOMORROW'과 '토마토 TOMATO'의 합성어인 토마로우는
'지속 가능한 토마토'를 위한 경험을 공유합니다. 다양한
토마토를 섬세하게 맛보며 자신만의 취향을 찾아가는 여정,
그래도팜의 가치를 전하는 교육 프로그램 등 토마토의
다양한 매력을 선보이는 여러 가지 행사를 열고 있습니다.

『내일의 토마토 TOMATO OF TOMORROW』는
그 연장선에서 그래도팜의 구성원이 합심하여 기획한 책입니다.
우리는 이 책을 통해 맛의 가장 근본이 되는 토양의 중요성,
토마토를 둘러싼 여러 가지 상황, 소비자의 선택이 시장에
미치는 영향에 대해 설명하고, 토마토의 세계를 풍요롭게 만드는
흥미로운 정보들을 제공하고자 합니다.
　맛 좋은 토마토를 고르는 데 도움이 되는 지식뿐만 아니라,
맛 좋은 토마토가 생산되는 과정에 대한 이해를 도모함으로써
다채롭고 건강한 토마토의 미래를 함께 열길 기대합니다.
또한, 토마토의 다양한 맛을 즐길 수 있는 여러 가지 방법들을
공유함으로써 토마토의 쓰임을 확장하고, 단맛이 강한 토마토만이
아닌 다채로운 개성을 가진 토마토들이 시장에서 인정받고
제 역할을 할 수 있게 되길 기대합니다.
　부디 많은 분들이 이 책을 통해 토마토의 진면모와
다양한 매력을 알게 되어 우리의 일상에 좀 더 풍부한 토마토의
맛과 향이 스며들길, 그리하여 그것이 우리 모두의 내일을
더 아름답게 하는 에너지가 되길 희망해봅니다.

그래도팜 대표
원승현

인간의 '맛을 보는 능력'은 몸에 필요한 영양소를 향미로 인지하고
취하기 위한 메커니즘이다. 하지만 산업화 이후 인공 감미료 및
가공 식품의 개발과 획일화된 대량 생산 농업으로 인해
우리는 스스로 좋은 맛을 구별하는 기능을 잃었다. 우리는 자신의
몸에 필요한 영양을 '좋은 향미'로 분별해 섭취할 수 있는
미각력을 회복해야 한다.

지난 10년간 오감과 마음으로 맛보는 미각교육을 이야기해온
나는 그래도팜의 미각교육 프로그램 개발에 참여한 적이 있다.
그때 가장 강조한 것은 '흙 속 미생물이 주는 향미'와 품종의
'다양성'을 '감각'으로 발견하는 것이었다. 우리는 참여자들이
직관적으로 맛의 인상을 표현하고 상상해보는 기회를 만들고자
했다. 이상적인 미각교육은 지식을 가르치거나 정보를
전달하는 것이 아니다. 즐거운 경험을 통해 창의적 사고와
생태적 감수성이 자라날 수 있도록 촉진하는 것이다. 그래도팜
농장에서 오감으로 맛을 경험하고 영감을 얻는 '토마로우
인사이트 트립'은 그렇게 만들어졌다.

이 책을 기획하기 위해 모인 첫 회의 자리가 기억난다.
레시피북인 동시에 그래도팜의 '오리지널리티'와 '맛있는 경험'을
만드는 이야기를 어떻게 담을지 궁리했다. 그래도팜 토마토의
다양한 맛을 끌어내는 원리를 보여주고, 독자들이 자신만의
레시피로 확장할 수 있으면 좋겠다고 생각했다.

맛은 단맛, 신맛, 짠맛, 쓴맛, 감칠맛의 기본 오미로 이뤄지나,
우리는 과일과 채소, 곡물, 음식에서 다양한 맛을 느낀다.
이 맛의 다양성은 기본 오미에 '향'이 더해진 개성을 바탕으로 한다.
음식의 맛을 볼 때 시각이나 미각만큼 중요한 감각이 후각이다.
인간이 음식을 먹으면서 맛이 있다고 느끼는 결정적인 요인은

바로 향미의 농도와 조화에 있다. 레시피는 고정된 것이 아니니,
여러분만의 '맛의 조합'을 자유롭게 그려보시기 바란다.
　　신토불이(身土不二)는 살아 있는 흙, 땅속 미생물이 우리
몸, 장 속의 미생물과 이어져 있다는 의미다. 우리의
내일(TOMORROW)은 오늘 내가 먹고 마시는 음식이 만든다.
내일의 토마토, 토마로우(TOMARROW)를 통해
지속 가능한 식탁을 차리고, 풍요로운 삶을 살아갈 수 있다.
　　『내일의 토마토 TOMATO OF TOMORROW』를
출간하기 위해 정성을 다한 그래도팜 원승현 대표와 제작팀에게
감사를 전한다. 앞으로 함께할 행복한 내일을 생각하니
가슴이 벅차고 설렌다.
　　오늘의 식탁에서 내일의 토마토를 만끽하시길.
우리가 함께 만들어갈 멋진 내일로 초대합니다!

　　맛철학가
　　김현숙

19

VARIOUS TOMATES, BETTER TOMORROW

프롤로그:
오늘의 토마토는?

다양한 품종을 원하는 소비자

해마다 새로운 과일이 등장한다. 마트 매대에서는 전에 없던
종류의 과일을 심심찮게 볼 수 있다. 기후 변화의 영향으로
국내에서 재배하는 열대 과일의 가짓수도 점차 늘고 있다.
지금까지 대부분의 소비자는 품종 하나하나에 관심을 기울이지
않았다. 이제는 다르다. 복숭아, 딸기, 자두 같은 인기 작물의 경우
품종 표기가 잘 붙어 있는 것만 봐도 알 수 있다. 다양한 품종을
비교·탐색하며 '골라 먹는' 이들이 늘어나는 추세다.

농산물 거래 방식의 변화

농부가 직접 소비자와 만나 자신이 가꾼 농산물을 직거래하는
'농부시장'은 10여 년 전만 해도 특이한 시장이라고 여겨졌다.
지금은 어떤가? 지역 곳곳에 농부시장이 생겨나 왕성해졌고,
그 수가 점차 늘고 있다. 이러한 변화에는 분명한 이유가 있다.
공영 도매시장에서는 보기 드문 이색적인 식재료를 재배하는
농부들과 신선하고 특별한 식자재를 필요로 하는 소수의 소비자가
연결되어 하나의 새로운 시스템을 완성한 것이다.

추억의 맛이 되어버린 '땅의 맛'

직거래로 토마토를 판매하며 자주 듣는 말이 있다. "어린 시절
먹었던 토마토 맛이 나요!" 화학 비료 의존도가 높지 않던 시절,
농작물은 땅과의 관계 맺음을 통해 그 본연의 향을 냈다.
하지만 이제 그것은 몇몇 특별한 농가에서나 찾을 수 있는 추억의
맛이 됐다. 스마트폰 터치 몇 번으로 주문한 상품이 다음날
새벽이면 현관문 앞에 도착하는 세상이다. '편하게, 빠르게, 그리고
많이'라는 모토가 가장 중요한 것을 빼앗아 갔다.

**이 책을 통해 부디 많은 분들이
에어룸 토마토의 다양한 매력을 접하고,
토양의 중요성을 인지하며, 우리에게 주어진 자연을
존중할 수 있길 희망합니다.**

TREND
ATO

사라진 '진짜' 토마토

OF TOMA

토마토의 품종은 25,000가지가 넘는다.
그런데 우리는 왜 빨갛고 동그란 토마토만을 떠올릴까?
왜 우리가 접할 수 있는 토마토는 한정되어 있을까?
토마토를 둘러싼 여러 가지 상황들을 살펴보자.

왜 마트에서 파는 토마토는
다 똑같나

아무나 붙잡고 토마토*를 그려보라고 하면 어떤 그림이 나올까?
높은 확률로 빨갛고 동그란 토마토가 만들어질 것이다. 놀랍게도
지구상에는 25,000가지가 넘는 품종의 토마토가 있다. 당연히
색도 크기도 모양도 가지각색이다. 우리가 쉽게 떠올리는 이미지가
완숙 토마토나 대저 토마토나 방울토마토 정도일 뿐이다.

　최근 국내에서도 다양한 품종의 토마토를 재배하는 일이
시도되고 있다. 그러나 여전히 세계적인 추세에는 못 미치는
실정이다. 이러한 분위기가 형성된 데는 토마토에 대한 소비자와
생산자 그리고 유통업자의 보수적인 태도가 한몫을 해왔다.

"이런 색깔은 맛이 이상하지 않을까?"
"처음 보는 품종이라 키우기도 힘든데 잘 팔릴까?"
"이렇게 이상한 모양을 사려는 사람이 있을까?"

　소비자의 욕구에 유통업자와 생산자는 대응할 수밖에 없다.
소비자가 원해야 유통업자가 원하고, 그래야 농부가 재배를
시도할 수 있다.

토마토: 가지과에 속하는 일년생 채소. 원산지는 페루. 6−9월이 제철.

생산성에만 초점이 맞춰진
토마토 농사

해외 대규모 농장에서 토마토를 수확하는 영상을 본 적이
있는가? 높이가 3미터는 족히 넘는 트랙터가 토마토 밭을 훑고
지나가면 밭에는 흙만 남는다. 트랙터 속으로 우수수 빨려
들어간 토마토들은 컬러 선별기를 거쳐 곁에 따라오는 트럭에
쏟아져 산처럼 쌓인다. 네덜란드의 대규모 양액 재배 스마트팜도
가히 놀랍다. 보통의 한국 토경 농장이 5-7화방*을 수확하는데,
이곳은 토마토 한 주*에 30화방이 넘게 수확한다.
　　전자의 무대는 넓은 노지이고, 후자의 무대는
유리온실이지만 목적은 같다. '다량의 토마토를 효율적으로
재배해 최대한 많이 수확해서 판매하는 것.' 토마토의 품종도
이러한 목적에 맞춰 개량시키다 보니, 독특하고 향과 맛이
좋더라도 수확량이 적은 것은 우선순위에서 밀려날 수밖에 없다.
　　우리나라뿐만 아니라 세계 시장 현황이 비슷하다.
토마토의 나라로 알려진 이탈리아에서도 좋은 토마토를
구하기가 쉽지 않다고 한다. 대부분의 모종이나 씨앗이 생산성을
목적으로 개량된 품종이기 때문에, 어딜 가나 비슷한 맛과
모양의 토마토만 있는 것이다.

화방: 열매 집단을 세는 단위.
주: 식물의 수를 세는 단위. 그루.

덜 익은 토마토는
토마토가 아니다

우리가 접하는 대부분의 토마토는 향이 거의 없다고 할 정도로 밋밋하다. 그 이유는 의외로 가까운 데 있다. 유통 경로상 특징 때문이다.

국내에서 생산되는 토마토의 경우, 밭에서 수확되어 소비자의 손에 들어가기까지 걸리는 시간이 다소 길다. 소비자 입장에서는 불필요한 크기 선별 과정까지 존재한다. 대굴대굴 구르며 선별기를 통과하다 보면 단단한 것이 아니고서 멍투성이가 되어 상품성을 잃기 십상이다. 그렇기에 농장에서는 토마토가 충분히 익기 전에 수확을 한다. 막 불그스름해지기 시작한 초록색 토마토가 긴 유통 과정을 거치며 붉은색으로 변한다.

스페인에는 "덜 익은 토마토는 토마토가 아니다"라는 말이 있다. 가지에 달려 완연한 색이 되었을 때 수확한 토마토와 따고 나서 후숙한 토마토는 향에서 큰 차이가 나기 때문이다. 미국 농무부 연구에 따르면 두 경우의 향 성분 차이가 최대 20배에 달한다.

지역의 특색이 담긴
로컬 씨앗의 부재

스페인 카탈루냐 지방이나 이탈리아 남부 시칠리아의 파키노에는 그곳에서만 나는 토마토가 있다. 이른바 지역 특산 토마토다. 토마토 맛을 보려고 그곳을 찾는 관광객도 많다. 우리나라의 경우 지역 특산품이라는 개념이 점차 희미해지고 있다. 대형 마트에 진열된 토마토를 보자. 대부분 산지 표기가 붙어 있다. 그러나 그 산지의 특색이 반영된 경우는 찾기 힘들다.

현재 국내 토마토 농가들은 씨앗 회사에서 판매하는 개량된 F1 하이브리드 품종을 구매해서 사용한다. F1 하이브리드 품종이란 우수한 종자끼리 인위적으로 교배해서 만들어낸 1대 종자를 말하는데, 수확량이 많지만 그 우수한 형질이 유전되지 않기 때문에 해마다 새로운 씨앗을 구매해야만 한다. 그렇다 보니 흔히 말하는 토착 종자가 되기 어렵다.

씨앗이 해를 거듭하며 한 땅에 정착하는 것이 아니기 때문에 씨앗에 지역의 특색이 담기지 못한다는 이야기다. 결과적으로 어느 곳에서 재배하든 먹는 이가 인지할 만큼의 차이를 만들어내기 어려운 것이다. 생산량이 적거나 균일성이 떨어지더라도, 씨앗을 자가 채종하여 지역 특색을 담는 방식으로 해를 거듭해 재배해야 원론적인 의미의 지역 특산품을 부활시킬 수 있다.

오직 단맛만을
선호하는 분위기

우리나라에서는 보통 토마토를 생과로만 먹는다. 그렇기에 대부분 단맛을 선호하고, 시장 추세도 그에 맞춰 당도 높은 토마토를 높게 쳐준다. '그 토마토 맛있나요?'라는 질문은 사실 이런 의미다. '단맛이 얼마나 나나요?'

최근에는 토마토에 스테비아 액을 첨가해 후가공한 스테비아 토마토가 개발되어 인기다. 토마토를 재배하는 입장에서 이러한 과채가공품의 출연은 다소 우려스럽다. 토마토는 감칠맛이 풍부하고 다양한 향으로 요리를 풍성하게 해주기 때문에 버섯과 비슷한 쓰임의 식재료인데, 인위적으로 단맛을 첨가하고 다른 과일 향까지 입히다니.

사실 토마토는 그 종류만큼 다양한 맛을 가지고 있다. 토마토의 문화적 중요성을 전파하는 커뮤니티인 월드 토마토 소사이어티(World Tomato Society)에서는 토마토 맛을 7가지 카테고리로 분류한다. 신맛(acid), 과일 맛(fruity), 부드러운 맛(mild), 스모키한 맛(smokey), 달콤한 맛(sweet), 시큼한 맛(tart), 균형 잡힌 맛(well balanced)이다.

대부분의 서양 요리에서 토마토는 주인공이거나 특급 조연이다. 토마토 없이 완성 가능한 요리가 얼마나 될까. 한국 주방에서는 아직 그 정도로 쓰이지 않으니, 단맛만 중시하는 방식이 변화하지 않는다면 토마토가 진가를 발휘하기 어려울 것이다. 아쉬운 부분이다.

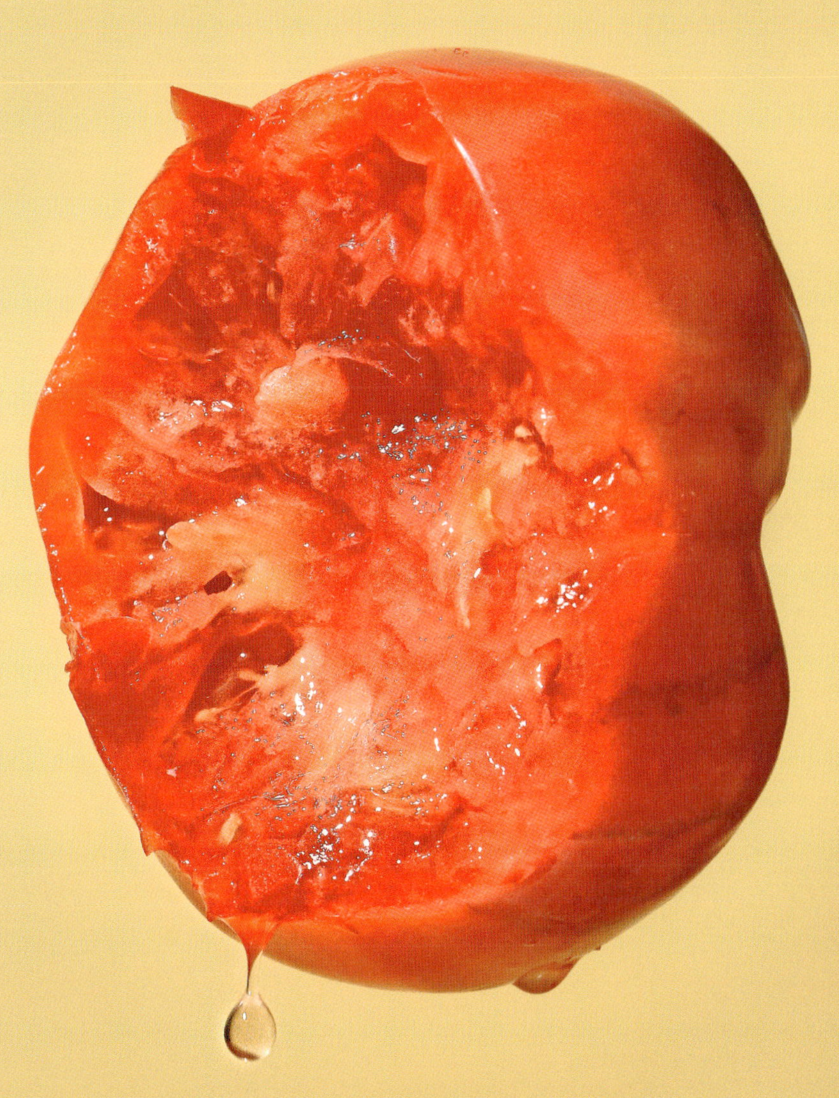

잃어버린 향을 되찾다

FLAVO
MATO

생산성을 높이기 위해 일률적으로 개량되어온 토마토.
다채로운 향미를 되찾기 위해서는 어떤 노력이 필요할까?
토경 재배, 에어룸 토마토, 소일메이트 등 그래도팜이
제안하는 아이디어를 살펴보자.

향, 식재료로서
토마토의 진정한 가치

토마토 맛을 말할 때는 맛(taste)보다 향미(flavor)라는
표현이 더 어울린다. 토마토 맛은 복합적인 향이 없으면 조화가
무너져 단조롭게 느껴지기 때문이다.

미국 플로리다대학 해리 클리(Harry J. Klee) 박사의 연구에
따르면, 맛있는 토마토가 되기 위해서는 시스-3-헥센알*이
충분해야 하고 풀 향, 아몬드 향, 꿀 향 등 배경 향의 유무도
중요하다. 바나나는 한 가지 화학 물질만으로 향을 만들 수 있지만,
토마토의 경우 400여 가지 화학 물질이 복잡하게 조합돼 향을
만든다.

또한 해리 박사의 연구팀은 지역 주민들을 대상으로 당도와
향, 토마토 맛과 강도 등을 알아보는 시식 테스트를 진행했는데
결과가 의외였다. 사람들은 가장 달게 느낀 토마토를 최고로
꼽았는데, 그 토마토의 실제 당분 함량이 그리 높지 않았기
때문이다. 단지 뇌가 단맛으로 인지하는 게라니알(geranial) 같은
휘발성 냄새 화합물이 풍부했다고 한다.

400가지 이상의 토마토 품종 유전자를 서열화하고 게놈을
샅샅이 뒤지고 분석한 결과, 현대의 토마토에 휘발성 물질과
당분이 부족하다는 사실도 밝혀졌다. 16세기 이후로 수십 년간
맛보다 생산량을 늘리는 쪽으로 육종됐기 때문이다. 대부분의
작물화된 채소와 과일의 역사가 그렇듯, 크기가 커지고
색이 선명해졌으며 해충과 질병에 강해지고 이동에 무리가
없을 정도로 단단해졌으나, 본래의 향은 잃었다.

시스-3-헥센알(cis-3-Hexenal): 토마토 향을 이루는 대표적인 화학 물질.

좋은 토양과
토마토 향의 상관관계

이탈리아나 스페인 사람들은 네덜란드 토마토를 물 폭탄(water bomb)이라 폄하한다. 그 이유를 확인하고자 그래도팜 일원들이 네덜란드에 직접 방문해봤다.

스마트팜에서 양액 재배로 키운 60여 가지 토마토를 먹어본 결과 품종별 풍미 차이가 전혀 느껴지지 않았다. 양액 재배는 물을 적게 들이고 농지를 줄이고 생산량을 높일 수 있는 등 다양한 장점을 가졌지만, 작물에 필수 원소만 공급하는 한계로 향까지 완벽히 구현하지는 못하는 것이다.

토경 재배일지라도 화학 비료 의존도가 높은 경우, 마찬가지로 복잡한 향이 구현되지 않는 것은 여러 경로를 통해 확인해본 바 있다. 국내에서 토경 재배 토마토가 스마트팜 재배 토마토 대비 장점을 보이지 못하는 이유이기도 하다.

토경 재배의 강점을 살리려면 토양 속 유기물이 풍부하고 공극률*이 적절하게 높아 미생물이 살기 좋은 환경이어야 한다. 그래야만 미생물이 유기물을 분해해서 다양한 성분을 식물에게 공급해줄 수 있다. 화학 비료 의존도가 높으면 이런 활동이 이뤄지지 않는다. 좋은 향을 얻기 위해서는 근본적으로 토양 생태계가 선순환해야만 한다.

공극률: 토양의 입자와 입자 사이 빈틈이 차지하는 비율.

 잃어버린 향을 되찾다

우리가 어렴풋이 알고 있는 것과는 달리 우리나라 토양은
대체로 농사에 부적합하다. 불모지까지는 아니지만 선천적으로
유기물이 적은 데다가 후천적인 관리도 잘못되었다.

우리나라 땅은 2억 5천만 년 전 지구상에 대륙이 단 하나이던
시절부터 이미 존재했던, 모암이 화강암과 화강편마암인 지형이다.
그렇다 보니 유기물을 잘 품지 못하는 반숙토(Inceptisols)나
미숙토(Entisols)가 대부분이다.

이와 같은 환경에서 유기농을 하려면 후천적인 노력이
훨씬 많이 필요한데, 국내 유기농 인증 조건이 화학 비료 및 합성 농약
불검출이다 보니 대부분의 농업인이 '무(無) 투입'만을 기준으로 삼고
유기농에 도전한다. 토양 생태계가 온전히 회복이 되지 않은
상태에서 무작정 화학 비료나 합성 농약을 쓰지 않는 것을 목표로
농사를 짓게 되면 향이 충분하고 매력적인 생산물을 얻기 어렵다.

대한민국 유기농 1세대인 그래도팜 고문이 수십 년간 실험을
거듭하며 국내 토양 환경에 적합하다고 판단한 방법이 있다.
잘 숙성된 발효 퇴비(유기물)를 적절히 농경지에 투입하는 것이다.
잘 발효된 퇴비는 그 자체로 미생물의 먹이가 되고, 토양 입자와
만나 자연스럽게 공극률을 키워 토양의 화학적인 수치까지
긍정적으로 개선해준다. 비옥한 토양의 조건인 물리적, 화학적,
생물학적인 요소를 한 번에 해결해주는 것이다.

단순히 '영양분을 많이 넣어주면 식물이 많이 먹겠지'라는
생각은 큰 오산이다. 국내 농경지의 평균적인 영양 수치는 절대
모자라지 않는다. 오히려 적정량보다 높다. 남는 영양분이 생기면
땅을 굳게 만들어 틈이 생길 여지가 없고, 이로 인해 미생물이
살기 어려워 결과적으로 식물에 영양분 전달을 못 하게 된다.

다양성과
지속 가능성이라는 무기

시칠리안 토게타, 블랙뷰티, 보스크 블루 범블비, 바나나 레그.
이름만큼이나 각기 다른 모양, 크기, 색을 갖고 있는
토마토 품종들이다. 전부 에어룸 토마토다.
　에어룸(heirloom)은 유전자 조작을 거치지 않고 원형
그대로 보존되고 있는 순종 품종을 일컫는 말이다. '가보'라는
뜻으로 영국에서는 헤리티지(heritage)로 표기하며 '역사적
가치가 있는 인류의 유산'으로 해석된다.
　에어룸 토마토의 최대 장점은 우수한 형질이 유전되기
때문에 씨앗을 자가 채종하여 이어갈 수 있다는 점이다.
자기 농장 토양에 정착시킨 고유종을 보유하는 것은 두 가지
측면에서 큰 경영적 무기가 된다. 첫째는 다른 농장에서
따라 할 수 없는 자기 토양만의 특성이 반영된 차별화된 맛을
선보일 수 있다는 것이다. 둘째는 점점 심각해지는 종자 전쟁에서
자기 무기에 대한 권리를 스스로 가진다는 점이다.
　이는 100개의 농장이 있으면 100개의 개성이 존재할 수
있는 방법이다. 유전적 다양성을 확보하여 토마토의 미래를
지킬 수 있는 방안이기도 하다. 또한, 생산성만을 무기로 농산물
치킨게임이 벌어지는 요즘 같은 시기에 농부가 유통업자를
상대로 주도권을 가질 수 있는 탁월한 방법이다.

 잃어버린 향을 되찾다

소일메이트,
소비자와의 새로운 관계

그래도팜은 우리가 하는 일과 그 이유를 이해하고 인정하며
상생의 관계를 이어갈 소일메이트(soil-mate)를 찾고 있다.
　　소일메이트는 단순히 우리 농장의 생산물을 많이 구입하는
사람이 아니다. 농부가 있으므로 온전한 식재료를 얻을 수 있고,
식재료를 사는 제 자신이 있으므로 농부가 자부심을 가지고
일을 계속할 수 있다는 것을 아는 사람, 서로 피드백을 교환하며
관계를 유지하는 사람을 의미한다.
　　농작물이 자라는 환경과 그 가치를 알아보고 농장을 찾는
소비자가 늘고 있다. 진정한 유기농을 기반으로 다양성과
지속 가능성을 확보하는 데 동반자로서 도움을 주고받는 관계가
이 땅 깊숙한 곳의 암석들처럼 단단해지길 희망한다.

'토마로우 인사이트 트립'을 통한
가치 전파

최근 그래도팜에서는 소비자들에게 토양의 중요성과 다양한
품종의 토마토가 주는 매력을 전달하기 위해 '토마로우 인사이트
트립'을 시작했다. '토마로우 인사이트 트립'은 토마로우가
제공하는 경험 중 하나로, 에어룸 토마토를 통해 '다양성'의 가치를
전하고 건강한 식문화를 선도하는 것을 목표로 한다.
프로그램은 여행을 콘셉트로 총 세 가지 세션으로 흘러간다.

땅속 보물찾기
Circle of Life

첫 번째 세션은 도슨트 투어로 시작된다. 땅을 공부하고
이해하는 전시 및 교육 공간인 '토양 전시관(soil
gallery)'에서는 체계적으로 디자인된 전시물과 교구를
통해 흙이 가진 다양한 모습을 이해하고, 우리가
당연하게 생각하는 흙을 낯설게 바라보는 과정을 통해
흙의 존재 가치와 소중함을 깨달을 수 있다. 아울러
농산물 소비 생활에 유익한 정보를 얻어 갈 수 있다.

나의 토마토
취향 찾기
Taste of Colors

세계 각국의 다양한 에어룸 토마토를 직접 먹어보고
그 향을 기록하며, 다른 사람의 토마토 취향까지
엿볼 수 있어 재미를 더한다. 평소 접하기 어려웠던
에어룸 토마토의 다양성을 경험하고 각기 다른
향미와 식감을 충분히 느끼는 시간이다.

내일의
토마토를 위한
맛보기 경험
Touch of Tomarrow
Flavor of Tomarrow

그래도팜에선 두 가지 맛보기 경험을 제공한다.
토마토와 어울리는 다양한 재료를 페어링해보고
시식해본 에어룸 토마토를 재료로 자신만의 창의력이
담긴 피자를 직접 만들어 맛보거나, 재료 페어링
이후 그래도팜에서 준비한 다양한 메뉴들을 천천히
음미해보는 프로그램. 두 프로그램 모두 토마토의
깊은 풍미와 향을 느낄 수 있게끔 설계했다. 눈과 손
그리고 무엇보다 입이 즐거운 경험이 될 것이다.

토마로우 인사이트 트립의 세 가지 세션을 통해
흙의 소중함을 학습해보고, 에어룸 토마토의 다양한 향미를 느껴보고,
나만의 토마토 요리 레시피를 만들어보자.

  잃어버린 향을 되찾다

TOMATO

제대로 알수록 좋은 토마토

흔히 토마토는 냉장고에 보관하곤 한다.
과연 그것은 옳은 보관법일까? 우리는 토마토를 얼마나
알고 있을까? 토마토에 대한 오해들을 통해 살펴보자.
제대로 알수록 좋은 토마토가 늘어난다.

토마토가 가진 다양한 향

모든 식품은 혀에서 느껴지는 맛만큼 향도 중요하다.
커피의 향과 와인의 향미가 다양하게 묘사되듯 토마토에도
그 맛을 다채롭게 해주는 향 성분들이 있다. 각 성분마다 묘사되는 향도
수십 가지에 이른다. 토마토 아로마 휠을 통해서 토마토가 가진
다양한 향을 살펴보자.

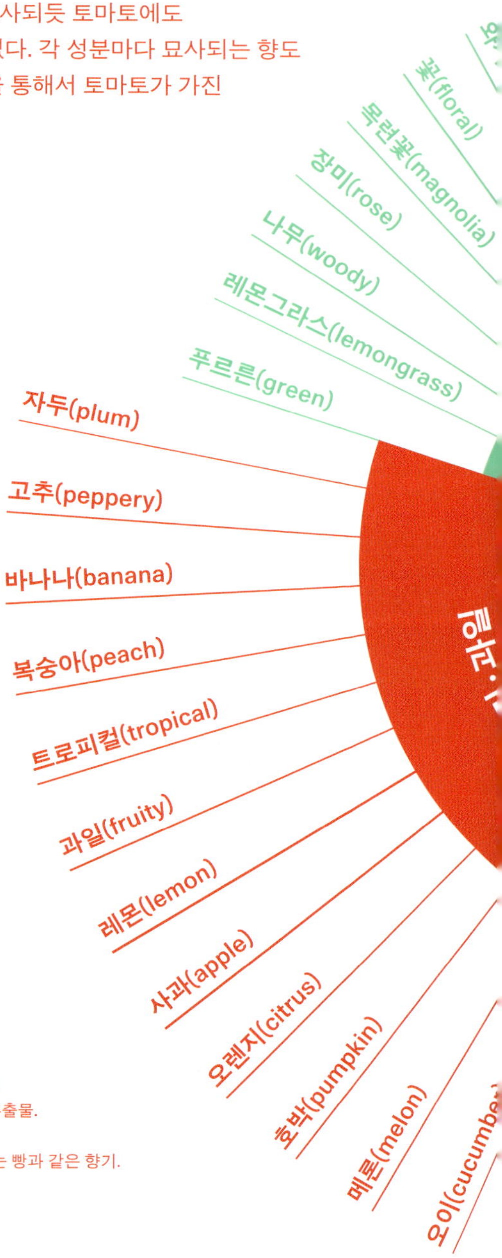

*윈터그린(wintergreen): 노루발풀 잎에서 추출한 향.
*에테르(ethereal): 용매나 마취제로 쓰이는 알코올 추출물.
*퓨젤(fusel): 알코올 발효의 부산물.
*브레디(bready): 충분히 볶아지지 않은 커피에서 나는 빵과 같은 향기.

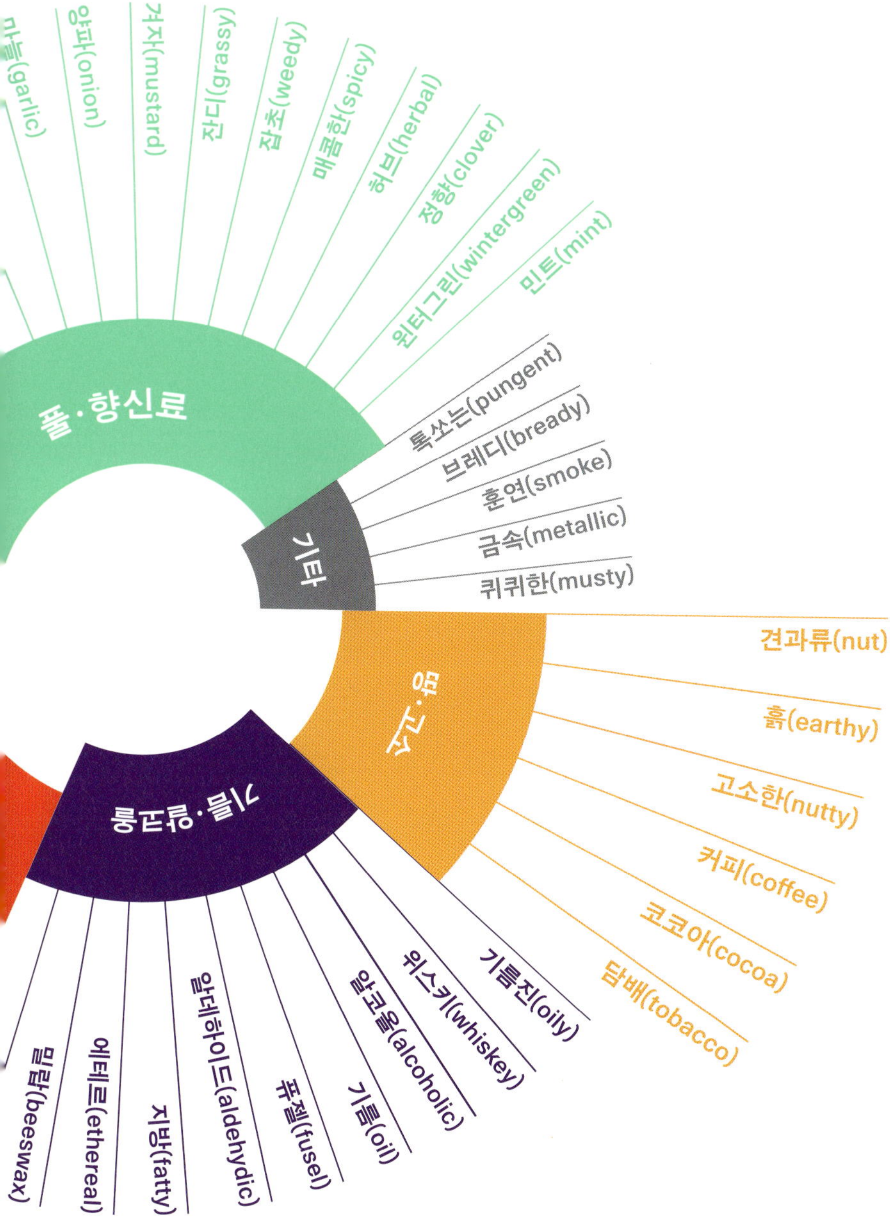

출처 : The genetic basis of tomato aroma (article), from Good Scents Company database based on 21 main components of tomato aroma from "[11]The expanded tomato fruit volatile landscape."

숙성 정도와 향미의 관계

겉보기에 똑같이 잘 익은 토마토라 해도 수확 시기에 따라 향미가 다르다.
일상에서 접하기 쉬운 토마토는 대부분의 경우 막 분홍빛이 돌기 시작할 때,
즉 충분히 익지 않았을 때 수확된 것이다. 유통 과정에서 손상 없이 버텨야 하기
때문이다. 물론 이것들은 진열대에 오를 무렵이면 잘 익은 빛깔을 띠지만,
줄기에 매달린 채로 숙성된 토마토와 같은 맛과 향을 내지는 못한다.
수확기 숙성 정도에 따른 토마토의 맛 변화를 비교 관찰한 결과를 통해 살펴보자.
수확기 숙성 정도는 토마토 표면 색 정도에 따라 4시기로 나눴다.

수확기 숙성 정도

단위 %	토마토 표면 색 스펙트럼	토마토 표면 색 정도
미성숙 0%		표면 완전히 녹색
10%		표면 10-30% 분홍색 혹은 빨간색
20%		
30%		
40%		표면 40-70% 분홍색 혹은 빨간(노랑)색
50%		
60%		
70%		
80%		표면 80% 이상 빨간색
90%		
성숙 100%		

출처 : Mara Duma et al. *Chemical composition of tomatoes depending on the stage of ripening.* Article in Chemical Technology, Oct 2015.

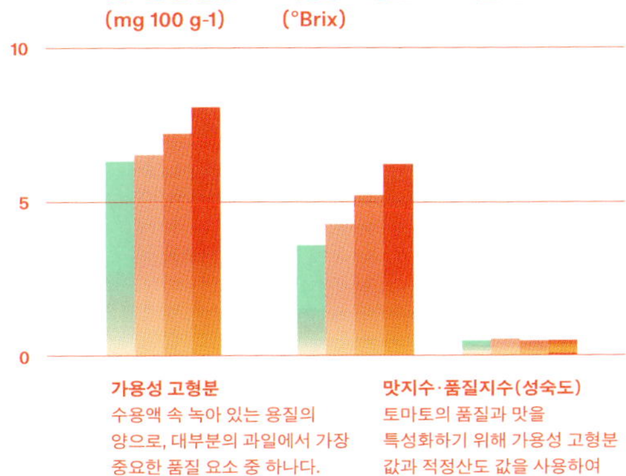

가용성 고형분
수용액 속 녹아 있는 용질의
양으로, 대부분의 과일에서 가장
중요한 품질 요소 중 하나다.

맛지수·품질지수(성숙도)
토마토의 품질과 맛을
특성화하기 위해 가용성 고형분
값과 적정산도 값을 사용하여
계산한다.

맛지수

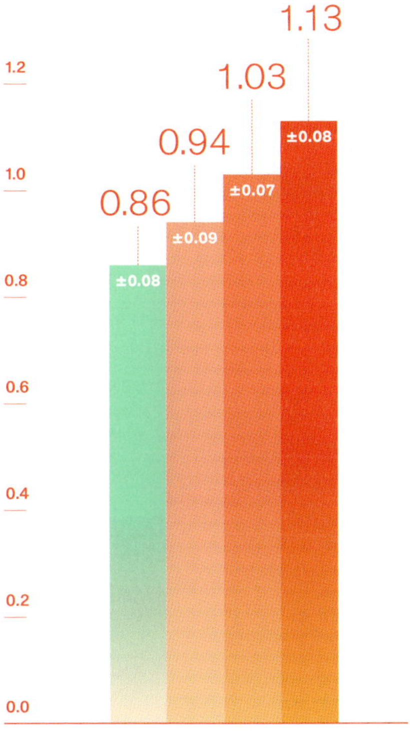

품질지수(성숙도)

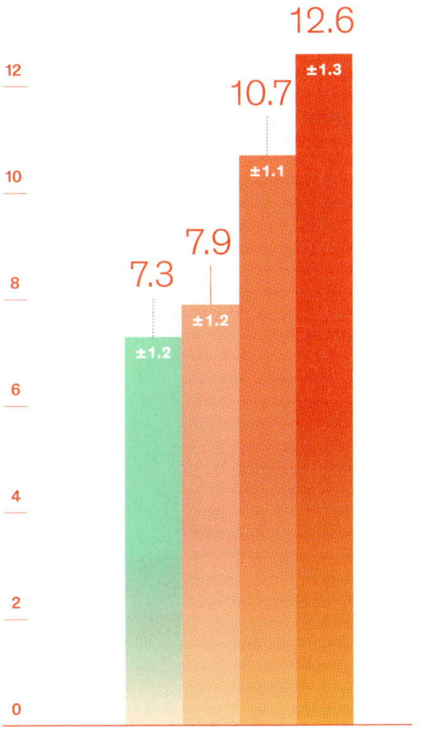

꼭지와 신선도의 관계

흔히 토마토 꼭지를 떼지 않고 그대로 두면 토마토의 신선함이 오래 유지된다고
생각한다. 배송 중 꼭지가 떨어진 토마토를 보고 실망하는 경우도 많다.
토마토는 품종별로 꼭지 이탈률의 차이가 현저하며, 어떤 품종은 살짝만
스쳐도 꼭지가 떨어지기도 한다. 결과적으로 토마토의 꼭지는 신선도 보존에
큰 도움을 주지 않는다고 말할 수 있다. 꼭지를 제거한 방울토마토와
꼭지를 제거하지 않은 방울토마토를 20℃, 상대습도 75–90%에 저장한 후
측정한 부패율의 변화를 통해 살펴보자.

꼭지 여부에 따른 부패율

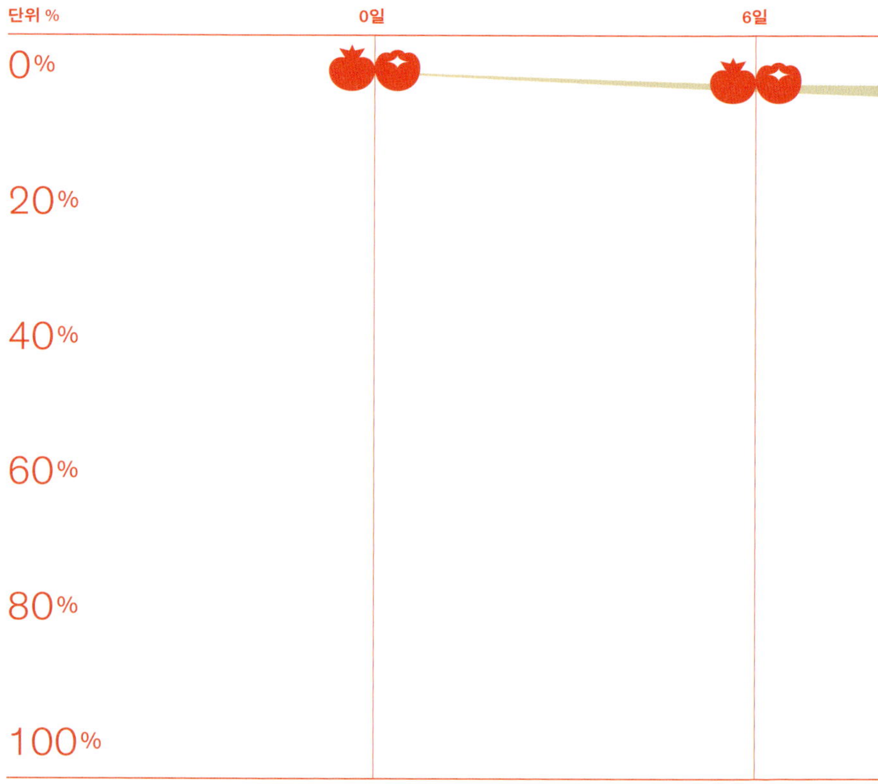

꼭지를 제거하지 않은
방울토마토는 24일 경과 후,
100 % 부패율을 보였다.

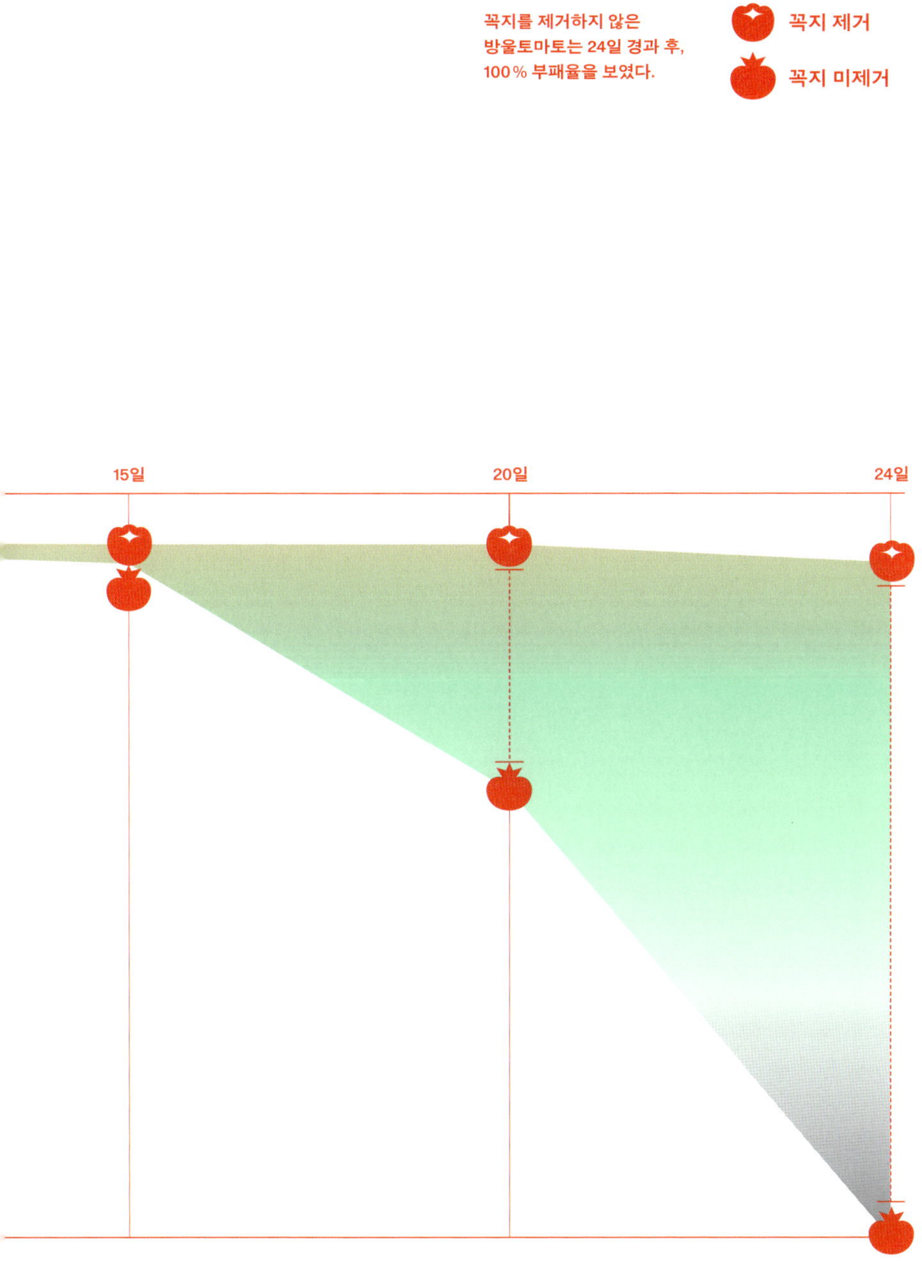

출처: 농촌진흥청

15일

20일

24일

제대로 알수록 좋은 토마토

출처: 농촌진흥청

보관 온도와 맛의 관계

보관 온도를 달리했을 때 토마토 맛의 변화를 살펴본 연구 결과가 흥미롭다.
다음 그래프는 토마토를 20°C, 12.5°C, 10°C, 5°C의 온도로 2일간 보관했을 때
변화를 나타낸 것이다. 긍정적인 요소라고 볼 수 있는 익은 향, 단맛, 토마토맛은
높은 온도에서 가장 잘 유지되었고, 부정적인 요소인 이취, 이미, 풋내는 낮은
온도에서 높게 나타났는데 특히 5°C에서 두드러지게 높았다. 흔히들 토마토를 사면
곧장 냉장고에 넣어두지만, 서늘한 그늘에서 실온 상태로 보관하면 가장 좋은
맛을 유지할 수 있다.

긍정적인 요소

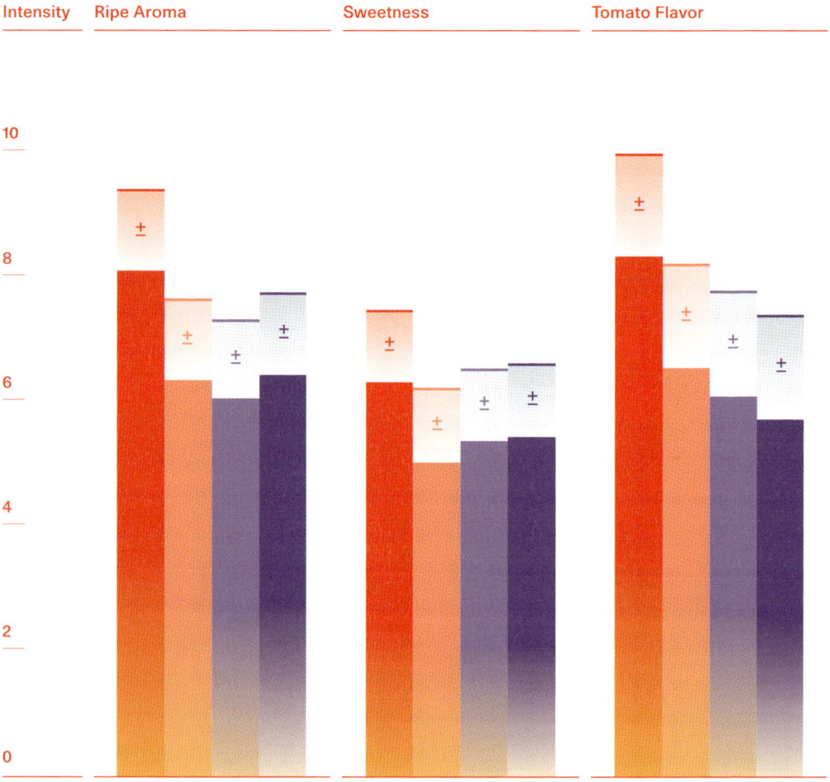

출처: F. MAUL, S.A. SARGENT, C.A. SIMS, E.A. BALDWIN, M.O. BALABAN, D.J. HUBER, Tomato Flavor and Aroma Quality as Affected by Storage Temperature, 1228 JOURNAL OF FOOD SCIENCE—Vol. 65, No. 7, 2000

20°C	서늘한 상온	20°C
12.5°C	끝부분이 빨갛게 변하기 시작한 토마토를 유통할 때 온도	12.5°C
10°C	빨간 토마토를 유통할 때 온도	10°C
5°C	일반 가정용 냉장고 온도	5°C

이취(Off Odor)
식품 성분의 화학적 변화로
생기는 이상한 냄새. 또는
식품이 외부로부터 흡수한
이상한 냄새.

이미(Off Flavor)
식품을 맛볼 때 입에서
느껴지는 이상한 맛.
식품의 변질을 나타내는 지표다.

부정적인 요소

토마토 보관법

토마토를 보관하는 절대적인 방법을 주장할 수는 없다. 집집마다 환경이
다르고 개개인의 성향이 다르기 때문이다. 다음을 참고해 각자에게 적합한
방법을 찾길 바란다.

흐르는 물에 가볍게 세척하기

농약을 치지 않은 토마토 표면에는
미생물이 많이 남아 있다. 몸에
해로운 것은 아니지만 토마토 변질의
원인이 될 수 있으니 보관하기 전에
세척부터 해주는 것이 좋다. 세척 시
나오는 노란 물은 '토마토 타르'라는
물질로 아실당(Acylsugars)이라고도
한다. 에센셜 오일 형태의 화학
물질을 포함하고 있어 곤충이나
초식동물로부터 스스로를 보호하는
역할을 한다.

꼭지를 따서 키친타월 등으로 습기를 제거하기

흔히 신선도가 오래 유지되길 바라며
꼭지를 따지 않고 그대로 둔다.
하지만 꼭지에 있는 미생물 때문에
오히려 토마토가 쉽게 변질되곤 한다.
토마토는 습기에 취약하기 때문에
항상 건조한 상태를 유지하는 게
좋다. 꼭지를 제거한 후 키친타월
등으로 습기를 제거하자.

적재 방법

기본적으로는 잘 익은 토마토는
과피가 물렁하기 때문에 크기가
작더라도 많이 쌓아두는 것은 좋지
않다. 큰 과형의 경우 두 개 이상
쌓지 않고, 꼭지가 아래로 향하게
두기를 권한다. 상대적으로 껍질이
약한 배꼽 부분을 아래로 두면
제 무게에 눌려 토마토가 터지거나
망가진다. 꼭지를 아래로 두면
육질이 단단한 어깨 부분에 힘이
가해져 조금 더 오래 보관할 수 있다.

최후의 보루 '냉장고'

토마토는 완숙이라 할지라도 실온에
보관하는 것이 좋다. 수확 후에도
호흡을 유지하기 때문에 냉장고에
넣으면 껍질이 뻣뻣해지고 향이
옅어지며 영양소도 줄어든다. 가능한
한 빨리 먹는 게 좋지만, 부득이하게
장시간 보관해야 할 경우에는
키친타월에 싸서 밀폐 용기에 넣은
후 냉기가 조금 덜한 야채 칸에
보관하자.

미숙 토마토 보관법

단단하고 흰색 계열의 초록빛을
띠는 미숙 토마토의 경우, 냉장고에
보관하면 낮은 온도 때문에
숙성이 되지 않고, 30℃ 이상에서
보관하면 영양분이 파괴될 수 있다.
따라서 미숙 토마토를 보관할 때는
키친타월이나 종이봉투에 싸서
서늘한 실내에 보관하자.

토마토 톺아보기

TOMATO DIGESTING

토마토의 모양과 크기는 품종별로 정말이지 다양하다.
형태별로 상이한 특성을 가지고 있고 그 쓰임도 다르다.
생장 유형, 잎 모양, 영양 성분 등
토마토의 일반적인 특성에 대해 자세히 알아보자.

토마토의 생장 유형

토마토는 여러 가지 모습으로 자라난다. 해외 토마토 산지에 찾아가 보면
국내에서 흔한 무한생장형 품종 외에도 낮은 덤불처럼 자라는 형태나
난쟁이처럼 줄기가 짧은 형태의 품종도 많다. 형태별로 다른 특성을 가지고
있기 때문에 재배 시 지역에 맞는 품종을 선택해야 한다.

유한생장형 Determinate
유한생장형 토마토는
무한생장형보다 높이가 낮은 편이다.
어느 정도 높이까지 자라고 나면
성장을 멈춘다. 보통 덤불처럼
자라서 지지대를 필요로 하지 않고,
손이 많이 가지 않아 대규모 노지
생산에 적합하다. 한 줄기에 잎과
꽃이 함께 나는 것이 특징이다.

무한생장형 Indeterminate

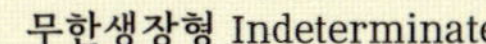

무한생장형 토마토는 계속해서 수직 성장하는 유형이다. 시설하우스나 유리온실 같은 한정된 면적에서 재배가 유리하다 보니 국내 시장에서는 대부분 이 품종의 토마토를 재배한다. 곁순 제거 등 손이 가는 데가 많지만 수확량이 좋다는 장점이 있다. 잎과 꽃의 줄기가 분리되어 있는 것이 특징이다.

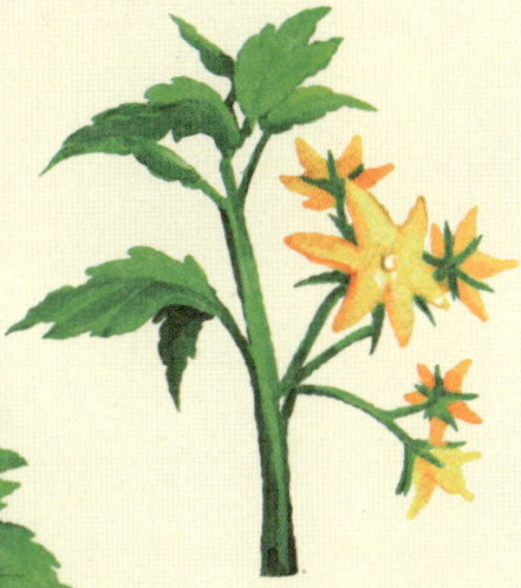

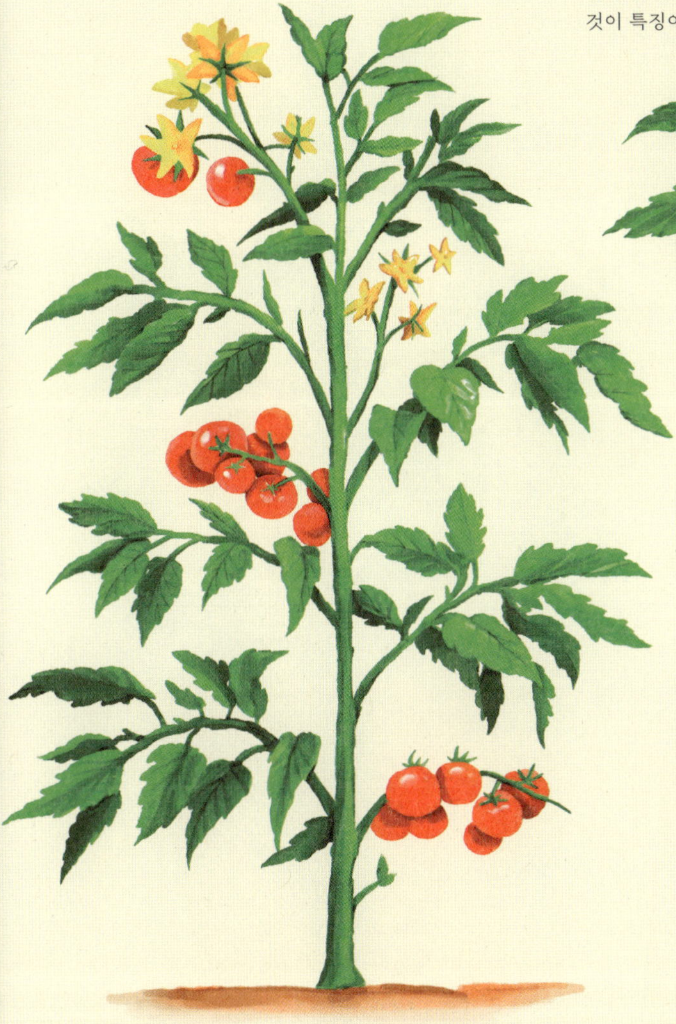

난쟁이 품종 Dwarf

난쟁이 유형의 토마토는 60–90 cm
이상 자라지 않으며, 유한생장형과
무한생장형 두 종류다. 화분이나
틀밭에서 기르기 가장 적합한
품종이다.

멀티플로라 품종 Multiflora
멀티플로라 유형의 토마토는
하나의 줄기에서 많은 꽃과 열매를
한 번에 맺는다.

출처 : *worldtomatosociety.com*

토마토 모양 유형

국내에서 토마토는 흔히 동그란 모양으로 여겨진다. 사실 토마토만큼
다양한 모양을 가진 작물도 드물다고 할 수 있을 만큼 그 모양과
형태와 크기가 다양하다. 각 모양별로 다른 특성이 있고, 쓰임도 다르다.

길쭉한 모양 Elongated
원통형이며 작은 것부터
큰 것까지 크기가 다양하다.
대부분 과육이 많고 씨앗이 적어
걸쭉한 소스나 수프, 토마토
페이스트를 만드는 데 적합하다.

방울 모양 Grape

크기가 작은 방울토마토를 일컫는다.
스낵으로 먹기 좋고, 샐러드나 굽는
요리에 적합하다.

둥그렇지만 납작한 모양 Oblate

둥글고 약간 납작한 모양을 하고
있으며 일반적으로 떠올리는
토마토의 모양이다. 균일하게
매끄러운 모양이 매력적이어서
대다수의 상업용 품종이
이 형태를 띤다.

소의 심장 모양 Ox Heart

매우 큰 것부터 방울토마토까지
크기가 다양하다. 일반적으로 과육이
많고 씨앗이 적다. 신선하게 먹기에
적합하며, 토마토주스나 소스를
만들기도 좋다.

자두·배·조롱박 모양
Plum·Pear·Piriform

방울토마토 크기의 매우 작은
크기부터 최대 약 300-400g의
큰 토마토까지 있다. 큰 배
모양의 토마토는 일반적으로
과육이 매우 많아 요리나
통조림에 적합하다. 일부 품종은
생과로 먹기에도 좋다.

주름진 모양 Ribbed · Costoluto
물결 모양의 많은 굴곡을 갖고 있다.
대부분은 열매가 큰 품종이지만
작은 샐러드 크기의 늑골이 있는
토마토도 있다.

동그란 모양 Rounded
일반적으로 모양이 매우 균일하며
중소 크기의 토마토다. 시각적으로
매력적인 모양이기 때문에
상업용 품종이 많다.

출처 : worldtomatosociety.com

토마토 잎 유형

토마토 잎은 얼핏 보면 모두 비슷해 보이지만 자세히 살펴보면 여러 가지
유형이 있다. 감자 잎을 닮은 모양부터 가는 톱니 모양이나 털이 있는
유형까지, 다양한 토마토 잎 모양을 살펴보자.

남색 잎 유형 Anthocyanic
이 유형이 내는 푸른빛은 남색
(혹은 자주색) 색소와 관련이 있다.
토마토 모종의 첫 번째 잎에서
나타나기 시작하며, 보통 최종 성장
지점까지 유지된다. 기온이 오르거나
햇빛을 오래 받으면 색이 흐려지거나
사라질 수 있다.

당근·고사리 잎 유형 Carrot·Fern
이름처럼 당근 잎을 닮은
잔톱니 모양의 잎을 가지고 있다.
레이스 모양의 잎은 반듯한
형태로 늘어지는 경향이 있다.

연두색 잎 유형 Chartreuse

가장 희귀한 색상 유형의 잎 중
하나다. 병들었거나 영양 부족으로
오해받을 수도 있으나, 열성 발광
유전자 또는 여러 대립 유전자 중
하나에 의해 엽록소 생산이 낮아
연두색을 띠는 것이다.

감자 잎 유형 Potato

토마토 잎의 가장 일반적인
유형 중 하나. 이 유형의 특성은
잎이 실제로 부드럽고,
둥근 모서리를 가진 감자 잎의
모양과 비슷하다는 것이다.
물을 덜 필요로 하고, 잎 구조의
크기와 덮개 때문에 태양빛이나
질병으로부터 토마토를 더
잘 보호할 수 있다.

일반 잎 유형 Regular

가장 일반적인 잎 유형은
잎 가장자리에 큰 톱니가 있는
유형이다. 이 유형은 모든 종류의
에어룸 토마토, 심지어 새로
개발된 품종들에서도 나타난다.

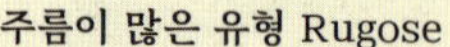

주름이 많은 유형 Rugose

일반 잎 유형과 감자 잎 유형
모두 주름이 지는 습성을 갖고 있다.
이 유형의 경우 일반적인 모양은
동일하지만 시금치처럼 더 두꺼운
것이 특징이다.

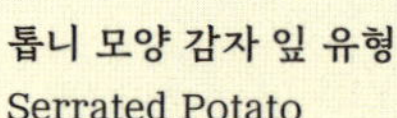

톱니 모양 감자 잎 유형
Serrated Potato

외부 가장자리를 따라 약간의 톱니 모양이
있으며, 감자 잎의 원형을 갖고 있다. 두 번째
이파리부터는 부드러운 감자 잎 유형으로
나타나기도 한다. 최근 이 유형의 잎이 특정
질병에 대한 저항성을 제공하는 것으로
밝혀졌지만 그 이유는 아직 알려져 있지 않다.

얼룩무늬 유형 Variegated

얼룩덜룩한 잎의 색에 대해 모든
것이 알려진 것은 아니지만,
대부분의 경우 더 높은 온도에
노출되면 흰색의 비율이
감소하는 것으로 보인다. 특히
알비센트(Albescent) 유전자와
관련해서는 가을에 접어들어 다시
온도가 떨어지면서 증가하는
경향이 있다.

가느다란 유형 Wispy

가느다란 잎사귀나 시든 잎사귀는
가지가 가늘고 규칙적으로
잘린 모양이다. 이 유형의
잎은 비슷한 습성을 가진 탓에
당근·고사리 잎 유형과
때때로 혼동된다.

털이 많은 유형 Wooly·Angora

털 모양 또는 앙고라 유형이라고도
한다. 이 유형의 잎은 보송보송하고
부드러우며 푸른빛이 도는 색조를
띠며 마치 어린 양의 귀와 비슷하다.
복숭아 껍질처럼 잔털이 많은
경우도 있다.

토마토에서 느낄 수 있는 맛의 종류

토마토는 여러 가지 맛을 낸다. 순환이 원활한 잘 가꿔진 토양에서
재배된 토마토의 경우 기본적으로 느껴지는 단맛과 신맛 외에도 다양한
맛들이 나타난다.

신맛 Acidic
낮은 당도에 비해 산미가 높다.

토마토에서 느낄 수 있는 맛의 종류

토마토는 여러 가지 맛을 낸다. 순환이 원활한 잘 가꿔진 토양에서
재배된 토마토의 경우 기본적으로 느껴지는 단맛과 신맛 외에도 다양한
맛들이 나타난다.

과일향 맛 Fruity
일부 토마토 품종, 특히
2-3가지 색이 섞여 있는 유형의
품종에서 주로 과일향을
떠올릴 수 있는 맛이 나타난다.

부드러운 맛 Mild
산도와 당도가 모두 낮은 편이며
순한 맛을 낸다.

스모키한 맛 Smokey

전문가들이 표현하는 토마토 맛의
특징 중 하나인 스모키한 맛이다.
이 맛은 보통 어두운 색 계열의
토마토 품종에서 많이 나타난다.

단맛 Sweet

단맛이 주로 느껴지는 품종은
당도가 높고, 그에 비해
산미가 낮다.

균형 잡힌 맛 Balanced
균형 잡힌 맛은 적절한 당도와
산미가 결합된 맛으로 대부분의
사람들이 가장 선호한다.

출처: worldtomatosociety.com

토마토 영양 성분

'토마토가 빨갛게 익으면 의사 얼굴이 파랗게 된다'는 유럽 속담이 있다.
잘 익은 토마토가 의사들의 수입에 지장을 줄 정도로 몸에 좋다는 이야기다.

토마토의 붉은색을 내는 물질인 라이코펜(lycopen)은 인체 내에서 탁월한 역할을 하는 성분이다. 세포 대사 과정에서 생기는 활성산소와 결합해 이를 몸 밖으로 배출하는데, 활성산소는 노화를 유발하고 DNA를 손상시키는 대표적인 체내 위험 요소다. 토마토의 항산화 효과가 인체 세포의 노화를 막아주는 셈이다.

토마토의 항암 효과는 항암 특효 물질로 알려진 베타-카로틴보다 더욱 강력하다. 실제로 지난 1999년 미국 일리노이대 연구팀의 연구 결과 전립선암 환자에게 하루 한 접시의 토마토 소스 파스타를 먹게 했더니, 백혈구 내 산화DNA의 손상이 21.3%나 감소했다.

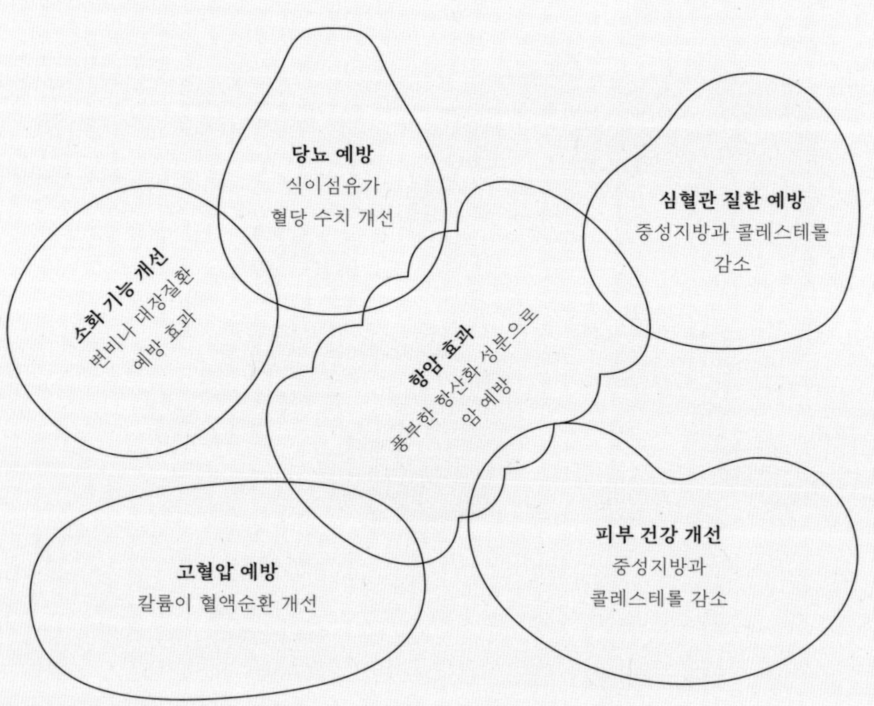

　　토마토의 성분 중 하나인 카로틴은 눈의 이상 건조나 야맹증 등에
효과가 있고 골격을 강화시키며, 루틴 성분은 혈압 조절 효과로
혈압을 낮추는 역할을 하기도 한다. 시트르산과 말산은 소화를 촉진하고
이뇨 작용을 하고, 비타민B는 피로를 감소시키고 두뇌 발육을 도와준다.
토마토의 쿠마릭산과 클로로겐산은 우리가 먹는 식품 속의 질산과 결합해서
암을 유발하는 니트로사민을 형성하기 전에 몸 밖으로 배출시키는
역할도 한다. 또한, 토마토는 두뇌 활동을 좋게 하며 혈액량을 조절하는 데
필수적인 철분, 칼슘 등 영양 성분을 골고루 갖춰서 허약한 노인이나
발육이 왕성한 어린이에게 더 없이 좋은 슈퍼 푸드다.

　　한편 흔히들 갖는 오해 중 하나가 크기가 큰 토마토일수록 영양 성분이
더 풍부할 것이라는 생각인데, 사실 같은 양일 때 방울토마토는 철분,
칼슘, 아연, 식물성 섬유 등 비타민과 미네랄 함유량이 일반 토마토보다 많고,
비타민A의 함량은 2배 이상이나 된다.

토마토 주요 영양 성분(100g 당)

주요 영양소	미네랄	비타민	기타 성분
칼로리(16kcal)	나트륨(5mg)	비타민A(42μg)	라이코펜
단백질(1.03g)	칼륨(237mg)	비타민B6(0.1mg)	베타카로틴(450μg)
지방(0.18g)	칼슘(10mg)	비타민B3(0.6mg)	구연산
탄수화물(4.26g)	철분(0.3mg)	비타민C(12.7mg)	사과산
당류(2.37g)	인(24mg)	비타민K(7.9μg)	호박산
식이섬유(2.6g)	마그네슘(11mg)	엽산(125μg)	루테인
	아연(0.2mg)		
	구리(0.1μg)		

칼로리	단백질	식이섬유	탄수화물	당류
16 kcal	1.03 g	2.6 g	4.26 g	2.37 g

칼륨	비타민 K	베타카로틴	비타민 C
237 cal	7.9 μg	450 μg	12.7 mg

토마토 생장 단계

토마토 생장 단계는 발아기, 성장기, 개화기·착과, 1화방 열매 생장,
수확기 총 6단계로 구분된다. 발아에서부터 수확까지 생장 단계에 따른
형태적 특징과 재배 시 주안점에 대해 알아보자.

발아기　　　　　　성장기　　　　　　개화기·착과

0 ——————————— 15 ——————————— 30 ——————————— 42
(일)

1화방 열매 생장
수확 개시
수확기
42
63
85
120

최아
토마토는 보통 27-30℃ 사이에서 발아하는데,
2-3일 정도 최적의 온도에서 약 1mm 정도 발아를
시킨다. 발아된 씨앗을 모판에 직파 후 상토를 덮으면
2-3일 후 상토를 뚫고 어린모가 올라온다.

가식
옮겨심기라고 한다. 모판에서 자란 어린모를
약 10일 전후로 포트에 옮겨 심는다.

육묘
가식 후 계절에 따라 여름철엔 30-35일, 겨울철엔
50-60일 정도 포트에서 기른다.

정식
아주심기라고 한다. 포트의 모를 밭으로 옮겨 심는다.
보통 여름철엔 50-60일, 겨울철엔 100-120일
정도의 기간 동안 자라게 되고, 개화 후 2-3일이면
열매가 수정된다. 여름철엔 45-50일, 겨울철엔
60-70일 정도면 수확이 가능하다.
*자세한 재배 기간은 재배 시기, 작형, 경과 온도 등에
따라 차이가 난다.

개화
토마토는 일반적으로 8-9마디에 꽃 화방이 하나
달리고, 3잎씩 전개되며 화방이 추가적으로 생성된다.
각 화방은 상단 화방일수록 꽃이 많고 품종에 따라
꽃의 양이 천차만별이다. 5-30개 정도의 꽃이 핀다.
화방 수에 따라 6화방까지만 수확하는 것을 6단 재배,
8화방까지 수확하는 것을 8단 재배라고 표현한다.
보통 6화방의 개화기에 1화방의 수확이 개시된다.

관리

곁순은 원가지 사이에서 나온 가지를 말하는데,
원가지의 생육에 지장을 주기에 수시로 제거해야
한다. 또한, 스스로 줄기를 지지할 수 없기 때문에
지주를 설치하거나 유인선을 내려 줄기를 유인해줘야
한다. 이때 수분 및 양분 공급이 토마토 품질이나
수확량에 많은 영향을 미치므로 주의할 것.
병 관리의 경우, 작물의 면역력을 높여서 스스로
버틸 수 있도록 한다. 이를 위해서는 무엇보다
철저한 땅 관리가 요구된다. 충 관리의 경우,
그물망을 통해 성충의 진입을 막고 밤에 유아등이
설치된 포집기를 통해 유인 포획하여 사전 예방하며
천적을 방사하여 관리한다.

수확

수확을 시작하면 보통 3개월에서 8개월까지
수확할 수 있고, 양액으로 공급하는 경우 1년 내내
수확이 가능하다.
*위 재배법은 무한생장(Indeterminate) 품종의
경우에만 해당한다.

RECIPE OF TOMAT

21가지 토마토 요리

다채로운 매력을 가진 에어룸 토마토가 주인공이 되는
요리들을 지방, 산, 당, 고기/해산물 4가지 카테고리로 구분해
소개한다. 그래도팜이 제안하는 21가지 토마토 요리 레시피.

토마토 콩피
TOMATO CONFIT

프랑스 남부 지방에서 유래한 콩피(confit)는 시럽이나 오일에
재료를 넣고 낮은 온도에서 오랜 시간 익히는 요리법이다.
동시에 식자재를 장기간 보관할 수 있는 방법 중 하나다. 오븐에서
갓 꺼낸 토마토 콩피를 한입 베어 물어보자. 토마토 과육의
진한 맛과 향이 입안 가득 퍼진다. 한 병 만들어두면 다양하게
활용할 수 있어 좋다.

재료

에어룸 토마토 750g
      방울토마토부터 중간
      크기까지
올리브오일 300g
      용기 속 토마토가
      반 이상 잠기는 정도
통마늘 취향껏
설탕 1t
소금 약간
타임 줄기 2-3개

조리법

1. 상처가 없는 싱싱한 토마토를 준비한다.

2. 토마토는 세척 후 물기를 완벽하게
   닦아준다.

3. 오븐용 내열 용기에 재료를 모두 담고
   토마토를 오일에 버무린다.

4. 오븐 온도를 120-130°C로 맞춘 뒤
   3시간 이상 저온에서 구워준다.

5. 완성된 토마토 콩피는 실온에서 완전히
   식혀서 통에 넣어 냉장고에 보관한다.

TIP　토마토와 함께 보관하는 오일은 볶음 요리나 구이 요리에 활용해도 좋다.

토마토 콩피 부르스게타
TOMATO CONFIT BRUSCHETTA

토마토 콩피를 활용한 간단한 요리. 부르스게타는 구운
빵 위에 재료를 올려 먹는 이탈리아식 요리로, 조리법이 간단해
에피타이저나 간식으로 먹곤 한다. 새콤달콤한 토마토 콩피는
부드러운 부라타 치즈와 잘 어울린다. 토스트 위에 올려
먹어도 좋고, 재료들을 한데 섞어 빵에 찍어 먹어도 좋다.

재료

토마토 콩피
부라타 치즈
캄파뉴 혹은 바게트
발사믹 글레이즈
올리브오일
소금
후추
잣(견과류)
바질
마늘

조리법

1. 빵은 잘라서 토스터나 올리브오일을 뿌린
   프라이팬에 구워준다.

2. 마늘을 빵 단면에 비벼서 마늘 향을
   입혀주고 치즈와 콩피를 올린다.

3. 견과류는 살짝 볶거나 토스터에 구워서
   빵 위에 뿌려준다.

4. 올리브오일과 발사믹 글레이즈를 뿌리고
   소금, 후추로 간을 한다.

토마토 콩피 파스타
TOMATO CONFIT PASTA

토마토 콩피로 만들어 먹는 간단한 파스타. 한 끼 식사로
제격이다. 콩피 오일을 활용해서 풍미가 좋다.
취향에 따라 매콤한 초리조나 굴을 같이 볶아도 잘 어울린다.

재료(1인분)

토마토 콩피
파스타 면 100g
마늘 3-4쪽
그라나파다노 치즈 취향껏
면수 1/2 컵
바질 약간
소금 약간
후추 약간

조리법

1. 달군 팬에 토마토 콩피 오일과 얇게
   저민 마늘을 넣고 볶는다.

2. 삶은 스파게티 면을 넣고 같이
   볶으면서 면수를 약간 넣어주고
   소금,후추로 간을 한다.

3. 완성된 파스타를 플레이팅하고
   치즈를 취향껏 뿌려준다.

토마토 버터
TOMATO BUTTER

토마토 버터는 조리법도 간단하고 활용도가 높아 만들어두면
다양한 요리에 접목할 수 있다. 빵에 발라서 토스트로 즐겨도 좋고,
부드러운 달걀 스크램블을 만들 때 버터 대신 써도 좋다.

재료

방울토마토 250g
　　　맛이 진한 것
무염 버터 250g
설탕 1t
소금 1t
허브 약간

조리법

1. 적당히 달군 팬에 다진 토마토와 설탕,
   소금을 넣고 수분이 없어질 때까지
   졸인다.

2. 팬에서 토마토를 덜어 내어 식힌다.

3. 식힌 토마토퓌레를 상온의 버터에 넣고
   허브와 함께 섞는다.

4. 모양을 잡은 뒤 냉장 보관한다.

TIP 선드라이 토마토를 사용하면 볶는 과정을 생략할 수 있다.

 내일의 토마토

토마토 치즈컵 카나페
TOMATO CHEESECUP CANAPÉ

간편하게 만들 수 있어 손님 접대용으로 활용하기 좋은 핑거 푸드.
짭조름하면서 바삭바삭한 치즈컵과 토마토의 신선한 맛이 잘
어우러진다. 베이비 채소, 오렌지 같은 시트러스 계열의 과일과
무화과를 곁들여도 좋다.

재료

다양한 색상의 토마토
슈레드 치즈 15g (치즈컵 1개)
페타 치즈 약간

드레싱

화이트와인 발사믹식초 1T
올리브오일 2T
꿀 1t
소금 1/8t
후추 약간

조리법

1. 베이킹시트에 슈레드 치즈를 15g씩
   동그랗게, 얇게 편다.

2. 치즈가 다 녹을 정도로 180°C 오븐
   혹은 전자레인지에 2-3분 데운다.

3. 녹은 치즈는 10-20초 정도 식힌 다음,
   치즈가 굳기 전에 종이컵이나 머핀팬에
   옮겨 모양이 잡힐 때까지 식힌다.

4. 잘게 썬 토마토를 볼에 넣고
   드레싱 재료를 넣은 뒤 섞어준다.

5. 치즈컵에 토마토를 넣고 페타 치즈를
   취향껏 뿌려준다.

TIP 치즈컵은 3시간까지 상온에 둬도 바삭함을 유지한다.

토마토 치즈바이트
TOMATO CHEESE BITE

파티 요리로 제격인 토마토 치즈바이트. 크림 치즈의
고소한 맛과 토마토의 달콤한 맛이 잘 어우러져 와인 안주나
핑거푸드로 딱이다.

재료

단단한 토마토 10-12개
　　　그래도 레드
크림 치즈 200g
초리조 4조각
쪽파 3줄
다진 견과류 2T
블루 치즈 2T
꿀 취향껏

조리법

1. 토마토에 꽃 모양으로 칼집을 낸다.

2. 크림 치즈는 한 스푼씩 토마토 안에
   넣는다.

3. 견과류는 토스터나 프라이팬에
   살짝 구워서 준비한다.

4. 초리조와 쪽파는 잘게 다지고,
   블루 치즈와 함께 크림 치즈 위에
   올린다.

5. 견과류를 올리고, 먹기 전에
   꿀을 뿌린다.

TIP 토마토 외에 다른 과일을 같이 섞어도 좋다.

토마토 튀김
FRIED TOMATO

단단하면서도 새콤달콤한 토마토인 그린지브라를 사용한 튀김
요리. 새콤한 토마토와 바삭한 빵가루가 만나 한 끼 식사로도 좋고,
맥주와도 잘 어울린다.

재료

단단한 토마토
　　　　그린지브라
빵가루
소금 약간
후추 약간
튀김가루
맥주

조리법

1. 토마토는 가로로, 0.7cm 이상 두께로
   썬다.

2. 키친페이퍼에 토마토를 올려서 수분을
   제거하고, 소금과 후추를 뿌린다.

3. 튀김가루를 담은 위생 봉투에 토마토를
   넣은 뒤 적당히 버무린다.

4. 볼에 튀김가루를 넣고 맥주로 반죽물
   농도를 맞춘다.

5. 튀김가루에 버무린 토마토를 튀김
   반죽물에 넣었다가 빵가루를 묻힌다.

6. 180도 기름에 색이 노르스름해질
   때까지 튀긴다.

TIP 맥주로 반죽물을 쓰면 풍미가 더해지고 바삭한 식감도 살릴 수 있다.
　　　방울토마토를 사용할 경우, 꼬치에 끼워 튀기면 훌륭한 핑거 푸드가 된다.
　　　토마토 튀김은 랜치소스나 사워크림과 잘 어울린다.

토마토 살사베르데
TOMATO SALSA VERDE

살사베르데는 스페인어로 '그린소스'라는 뜻이다. 새콤달콤한 맛의 균형감이 좋은 그린토마토인 그린지브라를 이용해 살사베르데를 만들어보자. 멕시칸 요리에는 살사베르데가 빠질 수 없다.

재료

토마토 3개(380g)
       그린지브라
양파 1/2개
할라피뇨(청양고추) 2-3개
소금 1/2t
후추 약간
라임 1개
마늘 2쪽
올리브오일 2T
고수 취향껏

조리법

1. 양파는 잘게 다져서 찬물에 담가 매운맛을 뺀다.

2. 토마토와 할라피뇨도 잘게 다진다.

3. 다진 양파, 다진 할라피뇨, 다진 마늘을 볼에 넣고 라임 1개를 짜준다.

4. 고수를 잘게 다져 넣고, 소금, 후추, 올리브오일로 간을 한다.

TIP 토마토 살사베르데에 망고를 잘게 썰어서 넣으면 매운맛을 중화시킬 수 있다.
푸드 프로세서나 절구를 이용하면 모든 재료를 넣고 갈아주기만 하면 되어 간편하다.

가스파초 소면
GAZPACHO NOODLE

여름철 대표 메뉴인 소면을 토마토와 함께 즐길 수 있는
가스파초 소면. 가스파초는 토마토, 마늘, 올리브오일 등을 섞어
걸쭉하게 만든 차가운 수프다. 조리법도 간편해서 무더위로 지친
여름에 만들어 먹기 좋다. 재료를 섞은 뒤 소면에 곁들여주기만
하면 이색적인 맛을 느낄 수 있다.

재료

소면 150g(2인분)
완숙 토마토 3개(380g)
양파 1/2개
쯔유 2T
마늘 1쪽
꿀 1T
라임 1개
올리브오일 1T
소금 약간
후추 약간

조리법

1. 차갑게 보관한 토마토 중 한 개를
   잘게 썬다.

2. 토마토 두 개는 올리브오일과
   후추를 제외한 다른 재료들과 함께
   갈아준다.

3. 소면을 삶은 뒤 얼음물에 헹궈
   건져둔다.

4. 그릇에 소면을 담고서, 간 토마토를
   붓고 썬 토마토를 올린다.

5. 올리브오일과 후추를 뿌린다.

 취향에 따라서 바질이나 차조기 잎을 얇게 썰어서 같이 올려도 좋다.

토마토주
TOMATO WINE

과실이 풍부해지는 계절에 담근 과실주는 시간을 품으면
품을수록 오랜 여운을 남긴다. 단단하고 향과 맛이 진한
방울토마토로 만든 토마토 담금주도 시간이 지나면 지날수록
그 향이 은은해지고 풍미가 짙어진다. 유일무이한 과실주를
직접 담가보자.

재료

방울토마토 800g
담금주 1800ml(35도 이상)
얼음설탕 400g
레몬 1개

조리법

1. 이쑤시개를 사용해 방울토마토 꼭지
   부분에 구멍을 하나 뚫는다.

2. 레몬은 껍질을 벗겨서 4등분 하고
   물기를 제거한 토마토를 준비한다.

3. 담금주 병에 토마토, 설탕, 레몬을
   번갈아가며 쌓는다.

4. 담금주를 붓고 실온에서 6개월 이상
   보관한다.

(TIP) 설탕 대신 얼음설탕을 사용하면 토마토 본연의 맛과 향이 천천히 우러나와
그 풍미가 더해진다.

토마토 서머샐러드
TOMATO SUMMER SALAD

여름철 입맛을 살리는 싱그러운 토마토 서머샐러드.
알록달록한 토마토와 초당옥수수, 복숭아의 조합은 입은 물론
눈도 즐겁게 해준다. 샐러드를 빵 위에 올려 오픈 샌드위치로
즐기는 것도 추천한다.

재료

다양한 색상의 토마토 3개 이상
초당옥수수 1개
천도복숭아 1개
바질 3-4장
그라나파다노 치즈 취향껏

드레싱

올리브오일 3T
화이트발사믹 식초 1T
피시소스 1T
꿀 2T
후추 취향껏

조리법

1. 토마토와 복숭아는 한입 크기로
   썰어둔다.

2. 초당옥수수는 전자레인지로 4분 정도
   데운 뒤 알갱이를 알알이 떼어낸다.

3. 올리브오일, 화이트발사믹 식초,
   피시소스, 꿀을 3:1:1:2 비율로 섞어서
   드레싱소스를 만든다.

4. 드레싱을 뿌리고 기호에 맞게
   바질과 치즈를 곁들인다.

TIP 옥수수와 복숭아가 제철이 아닐 때는 통조림 옥수수나 망고를 사용하면 좋다.

  내일의 토마토

토마토 타르틴
TOMATO TARTINE

타르틴은 빵 위에 으깬 음식을 올려 먹는 오픈 샌드위치를
말한다. 풍미가 가득한 토마토는 바삭하게 구운 빵과
잘 어우러진다. 토마토를 갈아서 빵 위에 올려 먹으면 근사한
아침 식사로도 브런치로도 딱이다. 생모짜렐라 치즈나
부라타 치즈를 곁들여도 좋다.

재료

잘 익은 토마토 1개
캄파뉴 혹은 바게트
마늘 1개
올리브오일 약간
소금 약간
후추 약간
앤초비 취향껏
하몽 취향껏

조리법

1. 토마토를 강판에 간다.

2. 강판에 간 토마토에 올리브오일, 소금,
   후추로 간을 한다.

3. 올리브오일을 두른 팬에 얇게 썬 빵을
   굽는다.

4. 빵 단면에 마늘을 비벼서 마늘 향을
   입힌다.

5. 빵 위에 토마토를 올리고, 취향에 따라
   앤초비나 하몽을 곁들인다.

TIP 빵을 구운 뒤 토마토를 바로 올려서 바삭할 때 먹는 걸 추천한다.

토마토 브륄레
TOMATO BRÛLÉE

크렘브륄레는 달걀과 우유를 혼합 가열한 커스터드에
졸인 설탕을 입혀 만드는 프랑스식 디저트로, 겉부분의 캐러멜을
톡톡 깨서 먹는 재미가 있다. 커스터드 대신 토마토에 캐러멜을
입히는 토마토 브륄레를 만들어보자. 차가운 바닐라 아이스크림과
곁들여 먹어도 근사하다.

재료

단단한 토마토
비정제 설탕

조리법

1. 토마토를 씻어서 물기를 닦고, 가로로
   반을 자른다.

2. 반으로 자른 토마토 단면을 뒤집어서
   키친페이퍼 위에 올려 수분을 닦는다.

3. 토마토 단면에 설탕을 뿌리고, 설탕이
   녹을 때까지 토치로 열을 가한다.

4. 표면의 설탕이 녹아 단단해지면
   스푼으로 톡톡 깨트려서 먹으면 된다.

(TIP) 토마토는 수분이 많아서 다른 과일보다 설탕을 더 두껍게 뿌려줘야 한다.

토마토 레모네이드
TOMATO LEMONADE

청량감 가득한 대표적인 여름 음료, 토마토 레모네이드.
토마토레몬청을 만들어두면, 탄산수에 희석해서 마시기만 하면
되니 언제든 간단하게 즐길 수 있다. 숙성시킨 토마토레몬청은
요리 드레싱으로 활용해도 좋고, 겨울에는 따뜻한 차로
즐겨도 좋다.

재료

방울토마토 600g
기토
원당 450g
레몬 2개

(500ml 기준)
토마토레몬청 100ml
탄산수 250-300ml
얼음 1/2컵

조리법

1. 방울토마토에 칼집을 낸다.

2. 토마토를 끓는 물에 넣어 껍질이
   벗겨지려고 하면 건져서 얼음물에
   넣어둔다.

3. 껍질을 벗긴 토마토는 물기를 제거한 뒤
   원당에 버무린다.

4. 세척한 레몬을 잘라서 같이 섞는다.

5. 실온에 하루, 냉장고에 3일 이상
   숙성시킨 후 탄산수나 냉수에 섞어서
   마신다.

TIP 믹서에 간 토마토를 섞어주면 핑크빛이 도는 토마토 레모네이드를 즐길 수 있다.

토마토 그라니따
TOMATO GRANITA

이탈리아 시칠리아에서 유래한 디저트인 그라니따는 우리에게
너무나 친숙한 빙수와 닮았다. 과일에 설탕이나 시럽,
와인 등을 섞어서 얼린 뒤에 갈아서 만드는 차가운 디저트다.
달콤하고 풍미 좋은 토마토 그라니따로 더위를 날려보자.
지퍼백만 있으면 간단하게 만들 수 있다.

재료

완숙 토마토 2개(530g)
　　　발렌시아 혹은 블랙뷰티
꿀 20g
라임 30g
라임제스트(생략 가능)
물 60g
토마토퓌레

조리법

1. 모든 재료를 믹서에 넣고 간다.

2. 재료를 지퍼백에 넣고 골고루 얇게
   펼친다.

3. 단단하게 얼 때까지 냉동실에서
   8시간 이상 얼린다.

4. 단단하게 언 지퍼백을 꺼내서
   밀대로 두드려 토마토 얼음을 잘게
   부순다.

5. 컵에 담아 토마토퓌레와 함께
   올려 낸다.

TIP　물 대신 화이트와인이나 화이트샹그리아를 넣으면 칵테일 그라니따가 된다.
완성된 그라니따에 토마토시럽이나 토마토잼을 같이 곁들이면 좋다.

어니언 베이컨 토마토잼
ONION BACON TOMATO JAM

베이컨과 토마토가 만나서 달콤하고 짭조름학고 새콤한 맛을
낸다. 한 통 만들어두면 든든할 만큼 활용도가 높은 잼이다.
햄버거, 샌드위치, 크래커 등 다양한 음식에 곁들여 즐길 수 있다.

재료

토마토 850g
　　　　시칠리안 토게타 혹은
　　　　그래도 레드
생베이컨 1팩 453g
양파 2개 400g
흙설탕 200g
마늘 4-5쪽
발사믹식초 2T
애플사이다 식초 1t
소금 1t

조리법

1. 베이컨을 잘라 중약불에서 튀긴 듯이
   바삭해지고 거품이 올라올 때까지
   볶는다.

2. 베이컨을 건져내고, 베이컨에서 나온
   기름을 1/3 정도 덜어낸 뒤 다진 양파를
   넣고 볶는다.

3. 중약불로 양파가 갈색이 될 때까지
   캐러멜라이징한다.

4. 그 위에 볶아둔 베이컨과 다진 토마토,
   다진 마늘, 설탕, 소금, 식초 등
   나머지 재료를 넣고 볶다가 글레이즈
   형태로 졸여질 때까지 젓는다.

5. 10일까지 냉장 보관이 가능하다.

토마토잼 치즈버거
TOMATO JAM CHEESE BURGER

어니언 베이컨 토마토잼을 활용한 메뉴. 버거 번과 패티만 있으면
든든한 어니언 베이컨 토마토잼 치즈버거를 즐길 수 있다.
새콤달콤한 잼과 고기가 잘 어우러져 부드럽고 진한 맛을 낸다.

재료

버거 번
패티
버터
마요네즈
체다 치즈
어니언 베이컨 토마토잼

조리법

1. 패티는 기름에 굽고, 뜨거울 때
   슬라이스 치즈를 올려준다.

2. 버거 번은 반으로 갈라서 안쪽 면에
   버터를 발라 팬에 살짝 구워준다.

3. 구운 번 안쪽에 마요네즈를 바르고
   패티와 치즈를 올린다.

4. 마지막으로 어니언 베이컨 토마토잼을
   듬뿍 올려준다.

TIP 냉장 보관한 잼을 사용할 경우 레인지에 한 번 데우면 좋다.

그린토마토 스파이시잼
GREEN TOMATO SPICY JAM

그린토마토를 활용한 새콤달콤한 토마토잼. 샌드위치에 곁들여도
좋고, 랠리시 피클 대용으로 사용해도 좋다.

재료

그린토마토 600g
　　　그린지브라
설탕 300g
페페론치노 생과 1.5개
소금 1/2t
애플소스 1t
　　　사과잼이나 사과퓌레로
　　　대체 가능
레몬즙 2t

조리법

1. 토마토는 잘게 다져 설탕과 버무린다.

2. 버무린 토마토를 중약불에 30분 정도
    저으면서 거품을 걷어내며 졸인다.

3. 잘게 썬 페페론치노를 넣고 10분 정도
    끓이다가, 애플소스와 레몬즙을 넣고
    잼 농도로 졸인다.

(TIP) 페페론치노 생과 대신 크러시드페퍼를 사용해도 좋다.
기호에 따라서 맵기를 조절한다.

토마토 마스카르포네 아이스크림
TOMATO MASCARPONE ICECREAM

집에서도 간단하게 즐길 수 있는 토마토 마스카르포네 아이스크림.
부드럽고 달콤한 토마토 아이스크림에 진한 올리브오일과
소금이 조화롭게 어우러진다. 고급스러운 디저트를 대접받는
느낌을 스스로에게 선사해보자.

재료(1컵)

토마토 320g
     시칠리안 토게타
바닐라 아이스크림
마스카르포네 치즈 50g
원당 3t
소금 1/8t

토핑

엑스트라버진 올리브오일
말돈 소금
후추

조리법

1. 모든 재료를 믹서에 넣고 간다.

2. 재료를 통에 붓고 냉동실에 넣어
   살짝 얼린다.

3. 냉동실에서 2-3번 꺼내서 포크로
   긁으면서 전체적으로 섞어준다.

4. 아이스크림을 컵에 담아 올리브오일을
   뿌리고, 소금과 후추로 기호에 맞게
   간을 한다.

TIP 토마토를 미리 얼렸다가 사용하면 시간을 아낄 수 있다.
아이스크림과 마스카포르네 치즈 양을 늘리면 더 부드러운 식감이 된다.
마스카르포네 치즈 대신 그릭요거트를 사용해도 좋다.

스파이시 토마토 비스크
SPICY TOMATO BISQUE

비스크는 부드럽고 걸쭉한 프랑스식 수프다. 스파이시 토마토
비스크는 토마토의 풍미를 느낄 수 있는 토마토 수프로,
진한 토마토의 맛과 탱탱한 새우 살이 잘 어우러지며 샌드위치나
빵을 찍어 먹어도 별미다. 아침 식사나 브런치 메뉴로도
적당하다.

재료

완숙 토마토 3개(500g)
작은 양파 1개(30g)
마늘 3쪽
대파 흰부분 1대
생크림 200ml
우유 100ml
버터 1조각(13g)
올리브오일 1T
설탕 1t
소금 1t
스모크드 파프리카 파우더 1/8t
케이엔페퍼 1/3t
버터 1조각
새우 10마리
소금·후추 약간

조리법

1. 올리브오일과 버터를 녹인 팬에
   마늘과 대파를 볶다가 다진 양파를 넣고
   갈색이 돌 때까지 볶는다.

2. 토마토를 손으로 듬성듬성 찢어서 넣고
   중불로 수분이 나올 때까지 10분 정도
   끓인다.

3. 우유, 생크림, 나머지 향신료를
   모두 넣고 끓이다가 믹서로 부드럽게
   갈아준다.

4. 다른 팬에 버터를 녹여 새우를 볶으면서
   소금, 후추로 간을 한다.

5. 볶은 새우를 수프 냄비에 넣고 섞으면서
   5분 정도 끓인다. 소금과 케이엔페퍼를
   취향껏 추가한다.

토마토 치킨라이스
TOMATO CHICKEN RICE

이국적인 맛이 나는 토마토 치킨라이스. 물 대신 완숙 토마토의
풍부한 과즙으로 익힌 밥에 닭고기의 육즙이 어우러져 완성된다.
신선한 레몬즙을 뿌려 먹으면 근사한 한 끼가 된다.

재료

닭봉 1팩(8개)
불린 쌀 2컵 360g
완숙 토마토 600g
　　　시칠리안 토게타 혹은
　　　그래도 레드
다진 토마토 150g
양파 1/2개
파프리카 1/2개
아스파라거스 4개
완두콩
　　　강낭콩 혹은 병아리콩
올리브오일 3T
스모크드 파프리카 파우더 1t
큐민 파우더 1/8t
레몬 1개
소금 2t
설탕 1t
후추 약간
버터 1조각(15g)
고수 취향껏

조리법

1. 버터와 올리브오일을 두른 팬에
   닭봉을 넣고 튀기듯이 구운 후,
   닭봉은 따로 빼둔다.

2. 닭고기를 구운 팬에 불린 쌀과 양파를
   넣고 토마토를 으깨면서 볶는다.

3. 향신료와 소금, 후추, 설탕을 넣어
   간을 맞춘 뒤 닭봉과 파프리카, 완두콩,
   다진 토마토, 아스파라거스를 올려서
   뚜껑을 덮고 뜸을 들인다.

4. 완성된 치킨라이스에 고수와 레몬즙을
   곁들인다.

포모도로 폴포
POMODÒRO PÓLPO

포모도로 폴포는 이탈리아식 토마토 문어 감자볶음이다.
겉은 바삭하고 속은 포슬포슬 부드러운 감자, 쫄깃한 문어,
신선한 토마토의 조합은 맥주를 부른다.

재료

자숙 문어다리 4개(150-200g)
토마토 3개
감자 2개(300g)
마늘 1쪽
올리브오일 3T
버터 10g
스모크드 파프리카 1/2t
설탕 1/8t
소금 약간
후추 약간

조리법

1. 감자는 한입 크기로 썰어서
   전자레인지에 넣고 4분간 데운다.

2. 올리브오일을 두른 팬에 얇게 자른
   마늘을 넣고 볶는다.

3. 팬에 버터와 감자를 넣고 겉면이
   노릇해질 때까지 굽다가 문어를 넣고
   같이 볶는다.

4. 토마토는 한입 크기로 잘라서
   마지막에 넣고 살짝 볶는다.

5. 스모크드 파프리카, 소금, 후추,
   설탕으로 간을 한다.

토마토 광어 세비체
TOMATO FLATFISH CEVICHE

세비체는 익히지 않은 해산물을 얇게 썰어서 레몬즙이나
라임즙에 절여 먹는 페루 음식이다. 얇게 썬 광어회와 토마토를
드레싱에 버무려서 숙성시키면 근사한 날에 어울리는
특별 메뉴가 된다. 화이트와인을 곁들여도 잘 어울린다.

재료

광어 필렛 250-300g
다양한 색상의 단단한 토마토
샬롯 1-2개
소금 약간
딜 약간

드레싱

레몬 1/2개
라임 1/2개
라임필 1/2개
올리브오일 2T
소금 약간
후추 약간
꿀 2t
화이트발사믹 식초 1t

조리법

1. 광어 필렛을 얇게 썰어서 그릇에 올리고
   소금, 후추로 간을 한다.

2. 토마토는 슬라이서 혹은 칼로 얇게
   썰어둔다.

3. 볼에 레몬즙과 라임즙을 짜 넣고,
   라임 반 개를 필러로 껍질째 갈아서
   같이 넣는다. 나머지 드레싱
   재료도 함께 섞는다.

4. 접시에 회를 깔고 소금을 살짝 뿌린다.
   토마토와 샬롯을 올리고 드레싱을
   뿌린 뒤 냉장고에 넣고 30분 이상
   숙성시킨다.

5. 숙성된 세비체를 꺼내고, 먹기 전에
   허브와 그라니따를 올려서 낸다.

TIP 시판하는 광어회를 사용하면 간단하다.
만들어둔 그라니따를 곁들이면 시원하고 싱싱한 세비체를 즐길 수 있다.

 내일의 토마토

토마토 칠리 콘 카르네
TOMATO CHILI CON CARNE

칠리 콘 카르네는 칠리 고추와 고기, 콩을 듬뿍 넣어 끓인 매콤한 멕시코식 스튜다. 오랜 시간 끓일수록 이국적인 향신료와 잘 어우러지는 맛이 된다. 따뜻하고 든든한 한 끼 식사로 제격이다.

재료

완숙 토마토 5개(600g)
　　　시칠리안 토게타
소고기 다짐육 240g
강낭콩 2컵
양파 2개
마늘 6쪽
칠리파우더 3T
큐민 1t
타코시즈닝 5T
소금 2t
설탕 2t
올리브오일 3T
후추 약간

조리법

1. 올리브오일을 두른 팬에 다진 양파와 다진 마늘을 넣고 갈색이 될 때까지 볶는다.

2. 캐러멜라이징한 양파에 소고기 다짐육을 넣고 볶으면서 완숙 토마토를 으깨어 같이 끓인다.

3. 고기가 익으면 불린 강낭콩과 나머지 향신료를 넣고 30분 이상 끓인다.

4. 국물이 자박해질 때까지 졸인다.

TIP 고기를 빼고 콩을 더 넣으면 비건 칠리타코가 되고, 고기 대신 새우를 넣으면 슈림프 칠리가 된다.

칠리 핫도그
CHILI HOTDOG

토마토 칠리 콘 카르네를 응용한 요리. 나머지 재료들만 추가하면 근사한 핫도그를 만들 수 있다. 끼니 사이 간식으로도 좋고, 포장이 간편해 피크닉 메뉴로도 적합하다.

재료

칠리 콘 카르네
핫도그 번
소세지
슈레드 치즈
크리스피 어니언
랠리시 피클
　　스파이시 그린토마토잼
　　활용

조리법

1. 소세지는 살짝 삶고, 핫도그 번은 따듯하게 데운다.

2. 핫도그 번에 소세지와 칠리 콘 가르네, 스파이시 그린토마토잼을 바른다.

3. 슈레드 치즈와 크리스피 어니언을 뿌린다.

멕시칸 타코
MEXICAN TACO

칠리 콘 카르네를 응용해서 만드는 대표적인 요리.
칠리를 비롯해 다양한 살사를 만들어 함께 즐기면 파티
음식으로도 제격이다.

재료

칠리 콘 카르네
또르띠아
사워크림
고수
양상추
아보카도
토마토 살사
라임
슈레드 치즈

조리법

1. 또르띠아를 팬에 살짝 구워주거나,
   크런치 타코쉘을 준비한다.

2. 양상추와 고수는 잘게 썰어서
   또르띠아에 올린다.

3. 칠리 콘 카르네와 한입 크기로 썬
   아보카도, 살사를 올려준다.

4. 취향에 따라 치즈와 사워크림,
   라임을 뿌려준다.

TIP 또르띠아 대신 밥을 사용하면 칠리 부리또 볼이 된다.

FARM, NEVERTHELESS

그림에도
불구하고
그
래
도
팜
SINCE 1985
FARM,
NEVERTHELESS